中国外来入侵与归化

A LIST OF ALIEN INVASIVE
AND NATURALIZED
PLANTS IN CHINA

植物
名录

于胜祥 刘慧明 高吉喜
◎主编

中国海关出版社有限公司

中国·北京

图书在版编目（CIP）数据

中国外来入侵与归化植物名录/于胜祥，刘慧明，高吉喜主编． -- 北京：中国海关出版社有限公司，2024.7

ISBN 978-7-5175-0766-6

Ⅰ.①中… Ⅱ.①于… ②刘… ③高… Ⅲ.①植物—侵入种—中国—名录 Ⅳ.①Q941-61

中国国家版本馆 CIP 数据核字（2024）第 058943 号

中国外来入侵与归化植物名录

ZHONGGUO WAILAI RUQIN YU GUIHUA ZHIWU MINGLU

主　　编：于胜祥　刘慧明　高吉喜
策划编辑：景小卫
责任编辑：景小卫
责任印制：王怡莎
出版发行：中国海关出版社有限公司
社　　址：北京市朝阳区东四环南路甲 1 号　　　　邮政编码：100023
网　　址：www.hgcbs.com.cn
编辑部：01065194242-7527（电话）
发行部：01065194221/4238/4246/4254/5127（电话）
社办书店：01065195616（电话）
印　　刷：北京利丰雅高长城印刷有限公司　　　　经　　销：新华书店
开　　本：787mm×1092mm　1/16
印　　张：16.25　　　　　　　　　　　　　　　　字　　数：266 千字
版　　次：2024 年 7 月第 1 版
印　　次：2024 年 7 月第 1 次印刷
书　　号：ISBN 978-7-5175-0766-6
定　　价：68.00 元

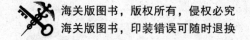

《中国外来入侵与归化植物名录》编委会

主　编：于胜祥　刘慧明　高吉喜

副主编：秦　菲　薛天天　刘　晓

编　委：梁　巽　韦建森　唐春风　胡长松　刘　琴

　　　　张文笛　刘慧圆　王振华　余江洪　杨旭东

　　　　梁运芬　高洁净　夏常英　张　梅　陈天翔

前 言
PREFACE

生物入侵是导致生物多样性丧失的重要因素，已经给生态系统、人类健康和经济发展造成了巨大的损失。截至目前，全球五分之一的陆地面积均有外来入侵物种的分布。中国是遭受外来入侵植物危害最为严重的国家之一，尤其是中国农田生态系统，由于外来物种的入侵，正面临巨大威胁。生物入侵已经成为严重影响与制约我国生态文明建设的重要因素。

随着国际贸易的不断发展，对外交流逐渐频繁，国际旅游不断升温，外来入侵物种传入我国的风险越来越高，国门生物安全防御的趋势更加严峻和复杂。例如，以长芒苋为代表的苋属异株苋亚属种类杂草籽在口岸截获频率较高，长芒苋（*Amaranthus palmeri*）、西部苋（*Amaranthus rudis*）、糙果苋（*Amaranthus tuberculatus*）都是美国农田最主要的危害性杂草。目前，在中国口岸的外来有害杂草监测中时有发现与报道。

随着经济全球化的深入，外来入侵生物表现出新的入侵特点，如传入数量多、传入频率高、蔓延范围广，呈现入侵危害加剧、损失加重的趋势。与传统外来入侵物种的组成相比，在苋属、大戟属、茄属、酸浆属等植物中外来入侵物种组成已经发生根本性变化。如何准确把握当前外来入侵植物的新动态，凸显外来入侵植物极具代表性的类群？针对这些问题，需要一部能客观、准确反映外来入侵植物新的组成特点的著作，服务于当前开展的外来入侵物种调查、监测、防控与清除等举措。

本书所收录物种包括已在野外形成入侵并造成生态危害的外来入侵植物和在野外归化但并未形成大面积入侵的外来归化植物。而对于近年来新发表的外来植物新分布或新记录物种，其野外种群数据极少且不稳定，为外来偶见种或残存种，本书并未对其进行收录，这些物种是否已被有关部门及时清除或能否成功定植并转化为归化植物，还需要进一步的观察。本书编者虽然曾在相关研究中提及近年来中国口岸新截获的外来植物多达100余种，但这些外来植物中，有的仅仅是在口岸监测或海关部门的检验检疫工作中被截获，并未在中国成功定植，故这些物种也不属于外来归化或外来入侵植物，也被排除于本书之外。

本书在汇总以往研究成果的基础上，整合本书编者多年来在口岸一线野外调查、监测的相关成果，以期能够全面反映中国外来入侵与归化植物新的组成特点。本书共涉及878种外来入侵与归化植物，隶属于93个科、431个属，其中科的排列顺序按照APG Ⅳ系统排列。本书所收录物种，包括其中文名、别名（如有）、学名、分类地位（拉丁科名与中文科名）、原产地、国内分布等信息。

本书在编写过程中，得到了"第二次青藏高原综合科学考察研究之人类活动影响与生存环境安全评估专题"（2019QZKK0608）的支持。本书的出版还得到了中国海关出版社景小卫老师的大力支持。系统、全面收录中国目前外来入侵与归化植物，准确反映中国外来入侵与归化植物新的组成特点，是中国外来入侵植物研究与防控的重要支撑，但具体工作也面临多重困难。虽然本书力求综合考虑以往在中国外来入侵与归化植物研究中的相关成果，并汇总编者野外长期考察、监测的第一手数据，但仍然很难完全反映当前中国外来入侵与归化植物新的组成特点。书中如有纰漏与错误，敬请读者批评指正！

编者

2024年6月

目 录
CONTENTS

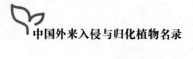

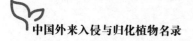

Azollaceae/满江红科

中 文 名：美洲满江红
学　　 名：*Azolla caroliniana* Willd.
分类地位：Azollaceae/满江红科
原 产 地：原产于美洲。
国内分布：台湾。

★^①中文名：细叶满江红
别　　 名：细绿萍、蕨状满江红、细满江红
学　　 名：*Azolla filiculoides* Lam.
分类地位：Azollaceae/满江红科
原 产 地：原产于美洲的暖温带和亚热带地区。
国内分布：广泛分布在长江流域，也分布在台湾。

Pteridaceae/风尾蕨科

中 文 名：粉叶蕨
学　　 名：*Pityrogramma calomelanos*（L.）Link
分类地位：Pteridaceae/风尾蕨科
原 产 地：原产于美洲热带地区。
国内分布：广东、广西、海南、香港、澳门、台湾、云南。

---

① 中文名前标注"★"的物种是指已被行业内有关研究确认为入侵状态的物种。

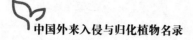

Salviniaceae/槐叶苹科

★中文名：速生槐叶苹
别　　名：人厌槐叶苹、蜈蚣苹、山椒藻
学　　名：*Salvinia molesta* D. S. Mitch.
分类地位：Salviniaceae/槐叶苹科
原 产 地：原产于巴西。
国内分布：海南、香港、江苏、台湾、浙江。

Cabombaceae/莼菜科

★中文名：水盾草
别　　名：绿菊花草、竹节水松
学　　名：*Cabomba caroliniana* A. Gray
分类地位：Cabombaceae/莼菜科
原 产 地：原产于美洲的亚热带和温带地区。
国内分布：安徽、北京、重庆、福建、广东、广西、湖北、湖南、江苏、江西、山东、上海、台湾、云南、浙江。

中 文 名：红水盾草
学　　名：*Cabomba furcata* Schult. & Schult. f.
分类地位：Cabombaceae/莼菜科
原 产 地：原产于美洲热带地区。
国内分布：广东、台湾。

🍃 Nymphaeaceae/睡莲科

中 文 名：日本萍蓬草
学　　名：*Nuphar japonica* DC.
分类地位：Nymphaeaceae/睡莲科
原 产 地：原产于日本和韩国。
国内分布：安徽、湖南、台湾。

中 文 名：白睡莲
学　　名：*Nymphaea alba* L.
分类地位：Nymphaeaceae/睡莲科
原 产 地：原产于欧洲的大部分地区、非洲北部部分地区和中东部分地区。
国内分布：北京、福建、重庆、河北、黑龙江、湖北、江苏、江西、陕西、山东、天津、云南、新疆、西藏、浙江。

中 文 名：非洲睡莲
学　　名：*Nymphaea capensis* Thunb.
分类地位：Nymphaeaceae/睡莲科
原 产 地：原产于非洲。
国内分布：香港、台湾。

中 文 名：齿叶睡莲
学　　名：*Nymphaea lotus* L.
分类地位：Nymphaeaceae/睡莲科
原 产 地：原产于非洲和欧洲的特定区域。
国内分布：福建、广东、广西、海南、香港、台湾、云南。

中 文 名：红花睡莲
学　　名：*Nymphaea rubra* Roxb. ex Salisb.

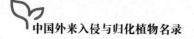

分类地位：Nymphaeaceae/睡莲科

原 产 地：原产于东印度群岛。

国内分布：台湾。

Piperaceae/ 胡椒科

★中文名：草胡椒

别　　名：透明草、豆瓣绿、软骨草

学　　名：*Peperomia pellucida*（L.）Kunth

分类地位：Piperaceae/胡椒科

原 产 地：原产于美洲热带地区。

国内分布：安徽、北京、福建、广东、广西、海南、河北、香港、湖北、湖南、江苏、江西、上海、澳门、山东、台湾、西藏、云南、浙江。

中 文 名：蒌叶

学　　名：*Piper betle* L.

分类地位：Piperaceae/胡椒科

原 产 地：原产于东南亚。

国内分布：广东、广西、贵州、海南、香港、澳门、四川、台湾、云南。

Magnoliaceae/ 木兰科

中 文 名：星花玉兰

学　　名：*Yulania stellata*（Siebold & Zucc.）N. H. Xia

分类地位：Magnoliaceae/木兰科

原 产 地：原产于日本。

国内分布：江苏、山东、浙江。

Annonaceae/ 番荔枝科

中 文 名：鹰爪花

学　　名：*Artabotrys hexapetalus*（L. f.）Bhandari

分类地位：Annonaceae/番荔枝科

原 产 地：原产于印度和斯里兰卡。

国内分布：福建、广东、广西、贵州、海南、湖南、江西、陕西、台湾、云南、浙江。

Araceae/ 天南星科

中 文 名：稀脉浮萍

学　　名：*Lemna aequinoctialis* Welw.

分类地位：Araceae/天南星科

原 产 地：原产地不详。

国内分布：安徽、福建、广东、贵州、海南、河北、河南、湖北、湖南、江苏、江西、辽宁、青海、陕西、山东、山西、四川、台湾、云南、浙江。

★中文名：大藻

别　　名：大萍、水白菜、猪姆莲、天浮萍、水浮萍、水荷莲、肥猪草

学　　名：*Pistia stratiotes* L.

分类地位：Araceae/天南星科

原 产 地：可能原产于美洲。

国内分布：安徽、重庆、福建、广东、广西、贵州、海南、河北、河南、香港、湖北、湖南、江苏、江西、澳门、山东、上海、四川、台湾、天津、西藏、云南、浙江。

中 文 名：合果芋

学　　名：*Syngonium podophyllum* Schott

分类地位：Araceae/天南星科

原 产 地：原产于墨西哥和南美洲的部分地区。

国内分布：福建、广东、广西、台湾、云南。

中 文 名：千年芋

学　　名：*Xanthosoma sagittifolium*（L.）Schott

分类地位：Araceae/天南星科

原 产 地：原产地不详，可能原产于南美洲北部，包括哥伦比亚、秘鲁、厄瓜多尔和委内瑞拉。

国内分布：台湾、云南。

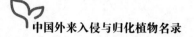Alismataceae/泽泻科

中 文 名：心叶刺果泽泄

学　　名：*Echinodorus cordifolius*（L.）Griseb.

分类地位：Alismataceae/泽泻科

原 产 地：原产于美国东南部、墨西哥、西印度群岛。

国内分布：浙江。

★中文名：黄花蔺

学　　名：*Limnocharis flava*（L.）Buchenau

分类地位：Alismataceae/泽泻科

原 产 地：原产于加勒比海、墨西哥和南美洲。

国内分布：广东、海南、香港、湖北、澳门、云南。

★中文名：禾叶慈姑

学　　名：*Sagittaria graminea* Michx.

分类地位：Alismataceae/泽泻科
原 产 地：原产于北美洲东部。
国内分布：广东、辽宁。

中 文 名：阔叶慈姑
学　　名：*Sagittaria platyphylla*（Engelm.）J. G. Sm.
分类地位：Alismataceae/泽泻科
原 产 地：原产于美国东部和北美洲热带地区北部。
国内分布：浙江。

Hydrocharitaceae/ 水鳖科

★中文名：水蕴草
别　　名：蜈蚣草、埃格草
学　　名：*Egeria densa* Planch.
分类地位：Hydrocharitaceae/水鳖科
原 产 地：原产于南美洲。
国内分布：广东、香港、台湾、浙江。

★中文名：伊乐藻
学　　名：*Elodea nuttallii*（Planch.）H. St. John
分类地位：Hydrocharitaceae/水鳖科
原 产 地：原产于北美洲。
国内分布：浙江。

中 文 名：水鬼花
学　　名：*Limnobium laevigatum*（Humb. & Bonpl. ex Willd.）
分类地位：Hydrocharitaceae/水鳖科
原 产 地：原产于美洲热带地区。
国内分布：台湾。

中 文 名：美洲苦草

学　　名：*Vallisneria americana* Michx.

分类地位：Hydrocharitaceae/水鳖科

原 产 地：原产于北美洲和加勒比地区。

国内分布：台湾。

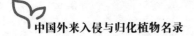 Potamogetonaceae/ 眼子菜科

中 文 名：小浮叶眼子菜

学　　名：*Potamogeton vaseyi* J. W. Robbins

分类地位：Potamogetonaceae/眼子菜科

原 产 地：原产于加拿大东部到美国。

国内分布：内蒙古。

Orchidaceae/ 兰科

中 文 名：肥根兰

学　　名：*Pelexia obliqua*（J. J. Sm.）Garay

分类地位：Orchidaceae/兰科

原 产 地：原产于美洲热带地区。

国内分布：香港。

Iridaceae/ 鸢尾科

中 文 名：唐菖蒲

学　　名：*Gladiolus × hybridus* C. Morren

分类地位：Iridaceae/鸢尾科

原 产 地：原产于非洲南部。

国内分布：重庆、福建、甘肃、广东、广西、贵州、海南、河南、香港、湖北、湖南、江苏、江西、吉林、辽宁、澳门、青海、陕西、上海、山西、四川、台湾、天津、新疆、云南、浙江。

★中文名：黄菖蒲

别　　名：黄鸢尾、黄花鸢尾、水烛、水生鸢尾

学　　名：*Iris pseudacorus* L.

分类地位：Iridaceae/鸢尾科

原 产 地：原产于欧洲和不列颠群岛、非洲北部和地中海地区。

国内分布：北京、重庆、福建、广西、湖北、江苏、江西、陕西、山东、上海、浙江。

中 文 名：阿特拉斯庭菖蒲

学　　名：*Sisyrinchium atlanticum* E. P. Bicknell

分类地位：Iridaceae/鸢尾科

原 产 地：原产于加拿大东部到美国东部。

国内分布：重庆、台湾。

中 文 名：黄花庭菖蒲

学　　名：*Sisyrinchium iridifolium* Kunth

分类地位：Iridaceae/鸢尾科

原 产 地：原产于南美洲。

国内分布：福建、台湾。

☒ **Amaryllidaceae/ 石蒜科**

中 文 名：花朱顶红

学　　名：*Hippeastrum vittatum*（L' Hér.）Herb.

分类地位：Amaryllidaceae/石蒜科

原　产　地：原产于南美洲，从巴西南部到阿根廷。

国内分布：重庆、福建、广东、广西、海南、河南、江苏、江西、天津、香港、云南、浙江。

★中文名：假韭

学　　　名：*Nothoscordum gracile*（Aiton）Stearn

分类地位：Amaryllidaceae/石蒜科

原　产　地：原产于美洲热带地区。

国内分布：福建、云南。

中　文　名：葱莲

别　　　名：玉帘、葱兰、白菖蒲莲

学　　　名：*Zephyranthes candida*（Lindl.）Herb.

分类地位：Amaryllidaceae/石蒜科

原　产　地：原产于南美洲。

国内分布：安徽、重庆、福建、广东、广西、贵州、海南、河北、香港、湖北、湖南、江苏、江西、澳门、陕西、山东、上海、四川、天津、西藏、云南、浙江。

★中文名：韭莲

别　　　名：风雨花、韭兰

学　　　名：*Zephyranthes carinata* Herb.

分类地位：Amaryllidaceae/石蒜科

原　产　地：原产于墨西哥到哥伦比亚。

国内分布：安徽、北京、重庆、福建、广东、广西、海南、香港、湖北、江苏、江西、澳门、山东、上海、四川、天津、云南、浙江。

Asparagaceae/ 天门冬科

★中文名：龙舌兰
别　　名：龙舌掌、番麻
学　　名：*Agave americana* L.
分类地位：Asparagaceae/ 天门冬科
原 产 地：原产于美国东南部和美洲热带地区。
国内分布：重庆、福建、广东、广西、贵州、海南、香港、湖北、上海、四川、台湾、天津、云南、浙江。

中 文 名：灰叶剑麻
学　　名：*Agave fourcroydes* Lem.
分类地位：Asparagaceae/ 天门冬科
原 产 地：原产于墨西哥南部到危地马拉。
国内分布：台湾。

中 文 名：大龙舌兰
学　　名：*Agave gigantea*（Vent.）D. Dietr.
分类地位：Asparagaceae/ 天门冬科
原 产 地：原产于大安的列斯群岛，并从瓜达卢佩岛南部穿过南美洲北部到巴西。
国内分布：台湾。

中 文 名：非洲天门冬
学　　名：*Asparagus densiflorus*（Kunth）Jessop
分类地位：Asparagaceae/ 天门冬科
原 产 地：原产于南非。
国内分布：北京、重庆、福建、甘肃、广东、广西、河北、江苏、江西、青海、陕西、上海、山西、四川、天津、云南、浙江。

中 文 名：凤尾丝兰

别　　名：大丝兰

学　　名：*Yucca gloriosa* L.

分类地位：Asparagaceae/天门冬科

原 产 地：原产于北美东南部。

国内分布：安徽、福建、广东、海南、湖南、江苏、江西、天津、云南、浙江。

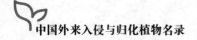 Commelinaceae/鸭跖草科

中 文 名：香锦竹草

学　　名：*Callisia fragrans*（Lindl.）Woodson

分类地位：Commelinaceae/鸭跖草科

原 产 地：原产于墨西哥，欧洲、亚洲和美洲栽培。

国内分布：广东、台湾、云南。

★中文名：洋竹草

别　　名：铺地锦竹草

学　　名：*Callisia repens*（Jacq.）L.

分类地位：Commelinaceae/鸭跖草科

原 产 地：原产于美洲。

国内分布：福建、广东、台湾、香港、云南。

中 文 名：细梗鸭跖草

学　　名：*Gibasis pellucida*（M. Martens & Galeotti）D. R. Hunt

分类地位：Commelinaceae/鸭跖草科

原 产 地：原产于墨西哥到萨尔瓦多。

国内分布：台湾。

★中文名：直立媚泪花

别　　名：硬茎媚泪花、媚泪花

学　　名：*Tinantia erecta*（Jacq.）Schltdl.

分类地位：Commelinaceae/鸭跖草科

原　产　地：原产于美洲热带和亚热带地区，从墨西哥中部到阿根廷。

国内分布：四川、云南。

★中文名：白花紫露草

别　　名：白花紫鸭跖草、巴西水竹草、紫叶水竹草

学　　名：*Tradescantia fluminensis* Vell.

分类地位：Commelinaceae/鸭跖草科

原　产　地：原产于南美洲。

国内分布：重庆、福建、广东、贵州、湖北、江苏、江西、上海、台湾、天津、浙江。

中　文　名：紫竹梅

学　　名：*Tradescantia pallida*（Rose）D. R. Hunt

分类地位：Commelinaceae/鸭跖草科

原　产　地：原产于墨西哥。

国内分布：重庆、福建、广西、香港、湖北、湖南、江西、澳门、上海、四川、台湾、天津、云南、浙江。

中　文　名：紫背万年青

别　　名：紫锦兰、蚌花、紫苴、紫兰、红面将军、血见愁、蚌壳花

学　　名：*Tradescantia spathacea* Sw.

分类地位：Commelinaceae/鸭跖草科

原　产　地：原产于伯利兹、危地马拉和墨西哥东部。

国内分布：福建、海南、香港、台湾。

★中文名：吊竹梅

别　　名：水竹草、紫背鸭跖草、百毒散、红竹壳菜

学　　名：*Tradescantia zebrina* Bosse

分类地位：Commelinaceae/鸭跖草科

原 产 地：原产于美洲热带地区。

国内分布：重庆、福建、广东、广西、香港、湖南、江西、澳门、台湾、天津、云南。

Pontederiaceae/雨久花科

★中文名：凤眼莲

别　　名：凤眼莲、水浮莲、水葫芦

学　　名：*Eichhornia crassipes*（Mart.）Solms

分类地位：Pontederiaceae/雨久花科

原 产 地：原产于巴西。

国内分布：安徽、北京、重庆、福建、广东、广西、贵州、海南、河北、河南、香港、湖北、湖南、江苏、江西、吉林、辽宁、澳门、内蒙古、陕西、山东、上海、山西、四川、台湾、天津、新疆、云南、浙江。

Cannaceae/美人蕉科

中 文 名：黄花美人蕉

学　　名：*Canna flaccida* Salisb.

分类地位：Cannaceae/美人蕉科

原 产 地：原产于美国南部，从得克萨斯州到南卡罗来纳州。

国内分布：广东、广西、湖南、江苏、江西、台湾、云南。

Marantaceae/竹芋科

★中文名：再力花
别　　名：水竹芋、水莲蕉、白粉塔利亚、水美人蕉
学　　名：*Thalia dealbata* Fraser ex Roscoe
分类地位：Marantaceae/竹芋科
原 产 地：原产于美国南部和墨西哥。
国内分布：福建、广东、江苏、澳门、山东、上海、浙江。

Juncaceae/灯芯草科

中 文 名：丝叶灯心草
学　　名：*Juncus imbricatus* Laharpe
分类地位：Juncaceae/灯芯草科
原 产 地：原产于南美洲。
国内分布：台湾。

中 文 名：禾叶灯心草
学　　名：*Juncus marginatus* Rostk.
分类地位：Juncaceae/灯芯草科
原 产 地：原产于西印度群岛、墨西哥和南美洲。
国内分布：台湾。

Cyperaceae/莎草科

中 文 名：龙氏薹
学　　名：*Carex longii* Mack.

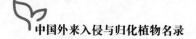

分类地位：Cyperaceae/莎草科

原 产 地：原产于美洲。

国内分布：台湾。

中 文 名：野生风车草

学　　名：*Cyperus alternifolius* L.

分类地位：Cyperaceae/莎草科

原 产 地：原产于马达加斯加。

国内分布：福建、甘肃、广东、广西、海南、香港、江苏、江西、山东、山西、四川、台湾、云南。

中 文 名：密穗莎草

学　　名：*Cyperus eragrostis* Lam.

分类地位：Cyperaceae/莎草科

原 产 地：原产于美洲和太平洋岛屿。

国内分布：广东、广西、吉林、陕西、台湾、云南。

★中文名：黄香附

别　　名：假香附、油莎草、黄土香、油沙豆、三棱草

学　　名：*Cyperus esculentus* L.

分类地位：Cyperaceae/莎草科

原 产 地：原产于地中海地区。

国内分布：北京、黑龙江、辽宁、山东、台湾。

★中文名：风车草

别　　名：伞草、伞叶莎草、轮伞形、车轮草、莎草

学　　名：*Cyperus involucratus* Rottb.

分类地位：Cyperaceae/莎草科

原 产 地：原产于非洲东部和亚洲西南。

国内分布：广东、广西、海南、香港、湖南、江苏、澳门、上海、山西、

台湾、天津、云南、浙江。

中 文 名：矮纸莎草
学　　名：*Cyperus prolifer* Lam.
分类地位：Cyperaceae/莎草科
原 产 地：原产于非洲。
国内分布：广东、台湾。

★中文名：苏里南莎草
别　　名：刺杆莎草
学　　名：*Cyperus surinamensis* Rottb.
分类地位：Cyperaceae/莎草科
原 产 地：原产于美洲，从美国到阿根廷。
国内分布：福建、广东、海南、江西、澳门、台湾。

★中文名：香根水蜈蚣
别　　名：多叶水蜈蚣
学　　名：*Kyllinga polyphylla* Willd. ex Kunth
分类地位：Cyperaceae/莎草科
原 产 地：原产于非洲热带地区、印度洋群岛。
国内分布：安徽、福建、香港、湖北、上海、四川、台湾。

Poaceae/ 禾本科

★中文名：山羊草
别　　名：粗山羊草
学　　名：*Aegilops tauschii* Coss.
分类地位：Poaceae/禾本科
原 产 地：原产于欧洲、中亚和地中海盆地。

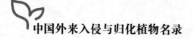

国内分布：安徽、北京、重庆、河北、河南、江苏、内蒙古、青海、陕西、山东、山西、四川、新疆。

中 文 名：类燕麦翦股颖
学　　名：*Agrostis avenacea* J. F. Gmel.
分类地位：Poaceae/禾本科
原 产 地：原产于澳大利亚、新西兰和其他太平洋岛屿。
国内分布：台湾。

中 文 名：狐尾看麦娘
学　　名：*Alopecurus geniculatus* L.
分类地位：Poaceae/禾本科
原 产 地：原产于欧亚大陆大部分地区。
国内分布：香港、江苏、云南。

中 文 名：大穗看麦娘
学　　名：*Alopecurus myosuroides* Huds.
分类地位：Poaceae/禾本科
原 产 地：原产于地中海地区。
国内分布：贵州、台湾。

中 文 名：黄花茅
学　　名：*Anthoxanthum odoratum* L.
分类地位：Poaceae/禾本科
原 产 地：原产于马卡罗尼西亚、欧洲到蒙古、非洲西北部。
国内分布：江西、吉林、台湾、新疆。

中 文 名：燕麦草
学　　名：*Arrhenatherum elatius*（L.）P. Beauv. ex J. Presl & C. Presl
分类地位：Poaceae/禾本科

原　产　地：原产于非洲北部、亚洲西南部和欧洲。

国内分布：江苏、江西、山东、陕西、台湾、新疆、云南。

★中文名：野燕麦

别　　　名：燕麦草、乌麦、香麦、铃铛麦

学　　　名：*Avena fatua* L.

分类地位：Poaceae/禾本科

原　产　地：原产于欧洲、亚洲中部和西南部。

国内分布：安徽、北京、重庆、福建、甘肃、广东、广西、贵州、海南、河北、黑龙江、河南、香港、湖北、湖南、江苏、江西、吉林、辽宁、澳门、内蒙古、宁夏、青海、陕西、山东、上海、山西、四川、台湾、天津、新疆、西藏、云南、浙江。

中　文　名：长颖燕麦

学　　　名：*Avena sterilis* subsp. *ludoviciana*（Durieu）J. M. Gillett & Magne

分类地位：Poaceae/禾本科

原　产　地：原产于地中海地区和亚洲西南部。

国内分布：云南。

★中文名：地毯草

别　　　名：大叶油草、热带地毯草

学　　　名：*Axonopus compressus*（Sw.）P. Beauv.

分类地位：Poaceae/禾本科

原　产　地：原产于美洲热带地区。

国内分布：北京、福建、广东、广西、贵州、海南、香港、湖南、四川、台湾、澳门、云南。

中　文　名：类地毯草

学　　　名：*Axonopus fissifolius*（Raddi）Kuhlm.

分类地位：Poaceae/禾本科

原 产 地：原产于美洲热带地区。

国内分布：广东、香港、台湾、西藏。

中 文 名：大穗孔颖草

学　　名：*Bothriochloa macera*（Steud.）S. T. Blake

分类地位：Poaceae/ 禾本科

原 产 地：原产于澳大利亚东部和新西兰。

国内分布：台湾。

中 文 名：珊状臂形草

学　　名：*Brachiaria brizantha*（Hochst. ex A. Rich.）Stapf

分类地位：Poaceae/ 禾本科

原 产 地：原产于非洲。

国内分布：广东、广西、海南、香港、山西。

中 文 名：臂形草

别　　名：旗草

学　　名：*Brachiaria eruciformis*（Sm.）Griseb.

分类地位：Poaceae/ 禾本科

原 产 地：原产于亚洲热带地区。

国内分布：河北（路南）、四川（汶川）、贵州（册亨、望谟、兴义、镇宁）、福建（南靖）、台湾（花莲）、广西（临桂）、云南。

★中文名：巴拉草

别　　名：疏毛臂形草、无芒臂形草

学　　名：*Brachiaria mutica*（Forssk.）Stapf

分类地位：Poaceae/ 禾本科

原 产 地：原产于非洲热带地区。

国内分布：福建、广东、广西、海南、香港、湖南、澳门、台湾。

中 文 名：银鳞茅

学　　名：*Briza minor* L.

分类地位：Poaceae/ 禾本科

原 产 地：原产于欧洲、北非和亚洲西部。

国内分布：重庆、福建、江苏、上海、台湾、浙江。

中 文 名：田雀麦

学　　名：*Bromus arvensis* L.

分类地位：Poaceae/ 禾本科

原 产 地：原产于高加索、塞浦路斯、土耳其和欧洲。

国内分布：北京、甘肃、河北、江苏、陕西、山东、山西、四川、云南。

中 文 名：显脊雀麦

学　　名：*Bromus carinatus* Hook. & Arn.

分类地位：Poaceae/ 禾本科

原 产 地：原产于欧洲西北部和北美洲。

国内分布：北京、台湾。

★中文名：扁穗雀麦

别　　名：大扁雀麦

学　　名：*Bromus catharticus* Vahl

分类地位：Poaceae/ 禾本科

原 产 地：原产于南美洲。

国内分布：安徽、北京、重庆、福建、甘肃、广东、广西、贵州、河北、黑龙江、河南、湖北、江苏、江西、内蒙古、青海、陕西、山东、上海、山西、四川、台湾、新疆、云南、浙江。

中 文 名：变雀麦

学　　名：*Bromus commutatus* Schrad.

分类地位：Poaceae/ 禾本科

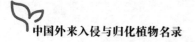
原 产 地：原产于北非、高加索、西亚和欧洲。

国内分布：青海、台湾。

中 文 名：毛雀麦

学　　名：*Bromus hordeaceus* L.

分类地位：Poaceae/禾本科

原 产 地：原产于欧洲、亚洲西部和非洲北部。

国内分布：北京、甘肃、河北、青海、台湾、新疆。

中 文 名：山地雀麦

学　　名：*Bromus marginatus* Nees

分类地位：Poaceae/禾本科

原 产 地：原产于北美洲。

国内分布：河北。

中 文 名：短毛雀麦

学　　名：*Bromus pubescens* Spreng.

分类地位：Poaceae/禾本科

原 产 地：原产于北美洲。

国内分布：台湾。

中 文 名：硬雀麦

学　　名：*Bromus rigidus* Roth

分类地位：Poaceae/禾本科

原 产 地：原产于地中海地区和欧亚大陆。

国内分布：福建、江苏、江西、四川、台湾、浙江。

中 文 名：贫育雀麦

别　　名：不实雀麦

学　　名：*Bromus sterilis* L.

分类地位：Poaceae/禾本科

原 产 地：原产于非洲北部、亚洲西南部和欧洲。

国内分布：江西、青海、四川。

★中文名：野牛草

别　　名：水牛草

学　　名：*Buchloe dactyloides*（Nutt.）Engelm.

分类地位：Poaceae/禾本科

原 产 地：原产于北美洲。

国内分布：北京、甘肃、河北、江苏、辽宁、内蒙古、青海、陕西、山东、山西、天津、新疆。

中 文 名：水牛草

学　　名：*Cenchrus ciliaris* L.

分类地位：Poaceae/禾本科

原 产 地：原产于印度、巴基斯坦、非洲和亚洲西南部。

国内分布：台湾。

★中文名：蒺藜草

别　　名：刺蒺藜草、野巴夫草

学　　名：*Cenchrus echinatus* L.

分类地位：Poaceae/禾本科

原 产 地：原产于美洲。

国内分布：安徽、北京、福建、广东、广西、海南、河北、香港、江西、辽宁、澳门、内蒙古、台湾、云南、浙江。

★中文名：光梗蒺藜草

别　　名：少花蒺藜草

学　　名：*Cenchrus incertus* Cav.

分类地位：Poaceae/禾本科

原 产 地：原产于美洲热带地区。

国内分布：北京、福建、广东、广西、河北、香港、湖北、吉林、辽宁、内蒙古、台湾、云南。

★中文名：长刺蒺藜草

别　　名：草狗子、草蒺藜、刺蒺藜草

学　　名：*Cenchrus longispinus*（Hack.）Fernald

分类地位：Poaceae/禾本科

原 产 地：原产于美洲。

国内分布：北京、山东、河北、辽宁、吉林、内蒙古。

中 文 名：澳洲虎尾草

学　　名：*Chloris divaricata*（Balansa）Lazarides

分类地位：Poaceae/禾本科

原 产 地：原产于澳大利亚。

国内分布：台湾。

中 文 名：非洲虎尾草

学　　名：*Chloris gayana* Kunth

分类地位：Poaceae/禾本科

原 产 地：原产于非洲。

国内分布：广东、海南、河北、台湾、云南。

★中文名：香根草

别　　名：岩兰草

学　　名：*Chrysopogon zizanioides*（L.）Roberty

分类地位：Poaceae/禾本科

原 产 地：原产于印度。

国内分布：重庆、福建、广东、广西、海南、江苏、四川、台湾、云南、浙江。

中 文 名：香茅

别　　名：柠檬草

学　　名：*Cymbopogon citratus*（DC.）Stapf

分类地位：Poaceae/禾本科

原 产 地：可能原产于斯里兰卡和印度南部。

国内分布：安徽、重庆、福建、甘肃、广东、广西、贵州、海南、湖北、澳门、台湾、云南、浙江。

中 文 名：亚香茅

学　　名：*Cymbopogon nardus*（L.）Rendle

分类地位：Poaceae/禾本科

原 产 地：原产于印度南部和斯里兰卡。

国内分布：安徽、福建、广东、广西、海南、香港、江苏、四川、台湾、云南。

中 文 名：长颖星草

学　　名：*Cynodon nlemfuensis* Vanderyst

分类地位：Poaceae/禾本科

原 产 地：原产于非洲东部和非洲中部。

国内分布：台湾。

中 文 名：星草

学　　名：*Cynodon plectostachyus*（K. Schum.）Pilg.

分类地位：Poaceae/禾本科

原 产 地：原产于东非。

国内分布：台湾。

中 文 名：渐尖二型花

别　　名：绵毛黍

学　　名：*Dichanthelium acuminatum*（Sw.）Gould & C. A. Clarke

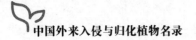

分类地位：Poaceae/禾本科

原 产 地：原产于北美洲、厄瓜多尔和加勒比地区。

国内分布：江西、四川。

中 文 名：弯穗草

学　　名：*Dinebra retroflexa*（Vahl）Panz.

分类地位：Poaceae/禾本科

原 产 地：原产于印度和非洲。

国内分布：福建、山东、云南。

中 文 名：皱稃草

学　　名：*Ehrharta erecta* Lam.

分类地位：Poaceae/禾本科

原 产 地：原产于东非大部分地区。

国内分布：四川、云南。

中 文 名：毛画眉草

学　　名：*Eragrostis ciliaris*（L.）R. Brown

分类地位：Poaceae/禾本科

原 产 地：原产于非洲、亚洲和北美洲。

国内分布：福建、广东、海南、江西、陕西、台湾、云南、浙江。

中 文 名：弯叶画眉草

学　　名：*Eragrostis curvula*（Schrad.）Nees.

分类地位：Poaceae/禾本科

原 产 地：原产于非洲。

国内分布：福建、甘肃、广西、河北、香港、湖北、江苏、辽宁、内蒙
古、陕西、台湾、新疆、云南、浙江。

中 文 名：类蜀黍

学　　名：*Euchlaena mexicana* Schrad.

分类地位：Poaceae/禾本科

原 产 地：原产于墨西哥。

国内分布：福建、广东、台湾。

中 文 名：苇状羊茅

学　　名：*Festuca arundinacea* Schreb.

分类地位：Poaceae/禾本科

原 产 地：原产于欧洲。

国内分布：安徽、北京、重庆、甘肃、广东、河北、黑龙江、河南、湖北、湖南、江苏、江西、吉林、辽宁、内蒙古、青海、陕西、山东、上海、山西、四川、台湾、天津、新疆、西藏、云南、浙江。

中 文 名：草甸羊茅

学　　名：*Festuca pratensis* Huds.

分类地位：Poaceae/禾本科

原 产 地：原产于亚洲西南部和欧洲。

国内分布：北京、重庆、贵州、河北、黑龙江、江苏、吉林、辽宁、青海、四川、新疆、西藏。

中 文 名：绒毛草

学　　名：*Holcus lanatus* L.

分类地位：Poaceae/禾本科

原 产 地：原产于欧洲。

国内分布：江西、台湾、云南。

中 文 名：球茎大麦

学　　名：*Hordeum bulbosum* L.

分类地位：Poaceae/禾本科

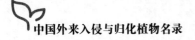

原　产　地：原产于地中海地区和亚洲西部。

国内分布：北京、河南、江西、宁夏、青海。

★中文名：芒颖大麦草

别　　名：芒麦草、芒颖大麦

学　　名：*Hordeum jubatum* L.

分类地位：Poaceae/禾本科

原　产　地：原产于西伯利亚东部，穿过北美洲大部分地区到墨西哥。

国内分布：北京、甘肃、河北、黑龙江、江苏、吉林、辽宁、内蒙古、青海、山东、山西、新疆。

★中文名：多花黑麦草

别　　名：意大利黑麦草

学　　名：*Lolium multiflorum* Lam.

分类地位：Poaceae/禾本科

原　产　地：原产于非洲北部、亚速尔群岛、马德拉群岛、加那利群岛、欧洲南部、亚洲西部和巴基斯坦。

国内分布：安徽、北京、重庆、福建、甘肃、广东、广西、贵州、河北、河南、湖北、湖南、江苏、江西、辽宁、内蒙古、宁夏、青海、陕西、山东、上海、四川、台湾、新疆、云南、浙江。

★中文名：黑麦草

别　　名：多年生黑麦草、宿根毒麦、英国黑麦草

学　　名：*Lolium perenne* L.

分类地位：Poaceae/禾本科

原　产　地：原产于北非、亚速尔群岛、马德拉群岛、加那利群岛、欧洲、亚洲西部、俄罗斯南部、阿富汗和印度次大陆。

国内分布：安徽、北京、重庆、福建、甘肃、广东、广西、贵州、河北、黑龙江、河南、香港、湖北、湖南、江苏、江西、吉林、辽宁、内蒙古、宁夏、青海、陕西、山东、上海、山西、四川、台湾、天津、新疆、西藏、

云南、浙江。

　中　文　名：欧毒麦
　别　　　名：欧黑麦
　学　　　名：*Lolium persicum* Boiss. & Hohen.
　分类地位：Poaceae/ 禾本科
　原　产　地：原产于欧洲到亚洲西部。
　国内分布：安徽、北京、甘肃、河北、河南、内蒙古、青海、陕西、山东、四川、新疆、云南、浙江。

　中　文　名：疏花黑麦草
　别　　　名：亚麻毒麦、细穗毒麦、散黑麦草
　学　　　名：*Lolium remotum* Schrank
　分类地位：Poaceae/ 禾本科
　原　产　地：原产于欧洲、亚洲和非洲北部。
　国内分布：北京、黑龙江、上海、新疆、云南。

★中文名：毒麦
　别　　　名：小尾巴麦、黑麦子、闹心麦
　学　　　名：*Lolium temulentum* L.
　分类地位：Poaceae/ 禾本科
　原　产　地：可能原产于地中海地区。
　国内分布：安徽、甘肃、贵州、河北、黑龙江、河南、湖南、江苏、江西、青海、陕西、上海、四川、新疆、云南、浙江。

　中　文　名：田毒麦
　学　　　名：*Lolium temulentum* var. *arvense*（With.）Lilj.
　分类地位：Poaceae/ 禾本科
　原　产　地：原产于欧洲。
　国内分布：青海、新疆、江苏、江西、贵州、云南。

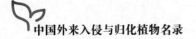

中 文 名：长芒毒麦

学　　名：*Lolium temulentum* var. *longiaristatum* Parnel

分类地位：Poaceae/ 禾本科

原 产 地：原产于欧洲。

国内分布：青海、安徽、江苏、江西、贵州、云南。

中 文 名：糖蜜草

学　　名：*Melinis minutiflora* P. Beauv.

分类地位：Poaceae/ 禾本科

原 产 地：原产于非洲。

国内分布：广东、广西、香港、台湾、云南。

★中文名：红毛草

别　　名：笔仔草、红茅草、金丝草、文笔草

学　　名：*Melinis repens*（Willd.）C. E. Hubb.

分类地位：Poaceae/ 禾本科

原 产 地：原产于南非。

国内分布：福建、广东、广西、海南、香港、江西、澳门、台湾、云南。

中 文 名：洋野黍

学　　名：*Panicum dichotomiflorum* Michx.

分类地位：Poaceae/ 禾本科

原 产 地：原产于北美洲。

国内分布：北京、福建、广东、广西、香港、上海、台湾、云南。

★中文名：大黍

别　　名：坚尼草、普通大黍、天竺草、羊草

学　　名：*Panicum maximum* Jacq.

分类地位：Poaceae/ 禾本科

原 产 地：原产于非洲热带地区。

国内分布：福建、广东、广西、贵州、海南、香港、澳门、台湾、云南、浙江。

★中文名：铺地黍
别　　名：枯骨草、苦拉丁、硬骨草
学　　名：*Panicum repens* L.
分类地位：Poaceae/禾本科
原 产 地：原产于欧洲南部和非洲。
国内分布：安徽、北京、福建、广东、广西、贵州、海南、香港、湖南、江苏、江西、澳门、山东、上海、台湾、云南、浙江。

中 文 名：假牛鞭草
学　　名：*Parapholis incurva*（L.）C. E. Hubb.
分类地位：Poaceae/禾本科
原 产 地：原产于欧洲、亚洲和非洲北部。
国内分布：福建、江苏、上海、浙江。

★中文名：两耳草
别　　名：八字草、叉仔草、大肚草
学　　名：*Paspalum conjugatum* P. J. Bergius
分类地位：Poaceae/禾本科
原 产 地：原产于美洲热带地区。
国内分布：北京、重庆、福建、广东、广西、贵州、海南、河北、河南、香港、湖南、江苏、江西、澳门、四川、台湾、西藏、云南、浙江。

★中文名：毛花雀稗
别　　名：美洲雀稗、大理草、宜安草
学　　名：*Paspalum dilatatum* Poir.
分类地位：Poaceae/禾本科
原 产 地：原产于南美洲。

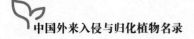

国内分布：安徽、福建、广东、广西、贵州、海南、香港、湖北、江苏、上海、四川、台湾、云南、浙江。

★中文名：双穗雀稗
别　　名：泽雀稗、游水筋、过江龙
学　　名：*Paspalum distichum* L.
分类地位：Poaceae/禾本科
原 产 地：原产于美洲。
国内分布：安徽、重庆、福建、广东、广西、贵州、海南、河南、香港、湖北、湖南、江苏、江西、澳门、山东、上海、四川、台湾、云南、浙江。

中 文 名：裂颖雀稗
别　　名：缘毛雀稗
学　　名：*Paspalum fimbriatum* Kunth
分类地位：Poaceae/禾本科
原 产 地：原产于南美洲和西印度群岛。
国内分布：台湾。

中 文 名：棱稃雀稗
学　　名：*Paspalum malacophyllum* Trin.
分类地位：Poaceae/禾本科
原 产 地：原产于美洲热带地区。
国内分布：甘肃。

中 文 名：百喜草
学　　名：*Paspalum notatum* Flüggé
分类地位：Poaceae/禾本科
原 产 地：原产于墨西哥、加勒比海和南美洲。
国内分布：福建、甘肃、广东、河北、湖南、江西、澳门、台湾、云南。

中 文 名：开穗雀稗

学　　名：*Paspalum paniculatum* L.

分类地位：Poaceae/禾本科

原 产 地：原产于美洲热带地区。

国内分布：湖南、台湾、浙江。

中 文 名：皱稃雀稗

学　　名：*Paspalum plicatulum* Michx.

分类地位：Poaceae/禾本科

原 产 地：原产于美洲热带和亚热带地区。

国内分布：甘肃。

★中文名：丝毛雀稗

别　　名：吴氏雀稗、小花毛花雀稗

学　　名：*Paspalum urvillei* Steud.

分类地位：Poaceae/禾本科

原 产 地：原产于南美洲。

国内分布：北京、福建、广东、广西、香港、湖南、江西、台湾、浙江。

中 文 名：粗杆雀稗

学　　名：*Paspalum virgatum* L.

分类地位：Poaceae/禾本科

原 产 地：原产于墨西哥到南美洲。

国内分布：广东、广西、台湾。

★中文名：铺地狼尾草

别　　名：东非狼尾草、隐花狼尾草、克育草

学　　名：*Pennisetum clandestinum* Hochst. ex Chiov.

分类地位：Poaceae/禾本科

原 产 地：原产于非洲东部。

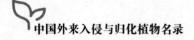

国内分布：广东、广西、海南、香港、湖南、台湾、云南。

★中文名：牧地狼尾草
别　　名：多穗狼尾草、多枝狼尾草
学　　名：*Pennisetum polystachion*（L.）Schult.
分类地位：Poaceae/禾本科
原 产 地：原产于印度和非洲热带地区。
国内分布：福建、广东、广西、海南、香港、澳门、台湾。

★中文名：象草
别　　名：紫狼尾草
学　　名：*Pennisetum purpureum* Schumach.
分类地位：Poaceae/禾本科
原 产 地：原产于非洲，现许多热带国家引入。
国内分布：安徽、重庆、福建、广东、广西、贵州、海南、河南、香港、湖北、湖南、江苏、江西、澳门、山东、上海、四川、台湾、云南、浙江。

中 文 名：羽绒狼尾草
学　　名：*Pennisetum setaceum*（Forssk.）Chiov.
分类地位：Poaceae/禾本科
原 产 地：原产于非洲。
国内分布：台湾。

中 文 名：加那利虉草
学　　名：*Phalaris cannariensis* L.
分类地位：Poaceae/禾本科
原 产 地：原产于欧洲南部和加那利群岛。
国内分布：福建、河北、青海、上海、台湾。

中 文 名：小虉草

别　　名：小子藨草

学　　名：*Phalaris minor* Retz.

分类地位：Poaceae/禾本科

原 产 地：原产于地中海地区。

国内分布：福建、河南、江苏、四川、云南。

中 文 名：奇异藨草

学　　名：*Phalaris paradoxa* L.

分类地位：Poaceae/禾本科

原 产 地：原产于北非、马德拉群岛、加那利群岛、欧洲南部和亚洲西部。

国内分布：河南、江苏、云南。

中 文 名：梯牧草

别　　名：猫尾草

学　　名：*Phleum pratense* L.

分类地位：Poaceae/禾本科

原 产 地：原产于欧洲。

国内分布：安徽、重庆、甘肃、广西、贵州、河北、黑龙江、河南、湖北、湖南、江苏、江西、吉林、辽宁、内蒙古、宁夏、陕西、山东、上海、四川、新疆、西藏、云南、浙江。

中 文 名：加拿大早熟禾

学　　名：*Poa compressa* L.

分类地位：Poaceae/禾本科

原 产 地：原产于非洲、亚洲和欧洲。

国内分布：安徽、河北、江苏、江西、吉林、青海、山东、四川、台湾、天津、新疆、西藏、云南、浙江。

中 文 名：黑麦

学　　名：*Secale cereale* L.

分类地位：Poaceae/禾本科

原 产 地：原产于土耳其。

国内分布：安徽、北京、重庆、福建、甘肃、广西、贵州、河北、黑龙江、河南、湖北、江苏、江西、吉林、内蒙古、宁夏、青海、陕西、山东、上海、山西、四川、台湾、新疆、云南。

中 文 名：柔毛狗尾草

学　　名：*Setaria barbata*（Lam.）Kunth

分类地位：Poaceae/禾本科

原 产 地：原产于亚洲热带地区、非洲和美洲。

国内分布：台湾。

中 文 名：幽狗尾草

学　　名：*Setaria parviflora*（Poir.）Kerguélen

分类地位：Poaceae/禾本科

原 产 地：原产于美洲。

国内分布：重庆、福建、广东、广西、贵州、海南、河北、河南、香港、湖北、湖南、江苏、江西、吉林、澳门、陕西、山东、四川、台湾、云南、浙江。

中 文 名：南非鸽草

别　　名：金毛草

学　　名：*Setaria sphacelata*（Schumach.）Stapf & C. E. Hubb. ex Moss

分类地位：Poaceae/禾本科

原 产 地：原产于非洲。

国内分布：广东、海南、台湾。

中 文 名：黑高粱

别　　名：杂高粱、哥伦布草

学　　名：*Sorghum ×almum* Parodi

分类地位：Poaceae/禾本科

原 产 地：原产于地中海地区。

国内分布：台湾、香港及其他地区少数园圃栽培。广西桂林有逸生种群。

中 文 名：苇状高粱

学　　名：*Sorghum arundinaceum*（Desv.）Stapf

分类地位：Poaceae/禾本科

原 产 地：原产于非洲。

国内分布：台湾。

★中文名：假高粱

别　　名：宿根高粱

学　　名：*Sorghum halepense*（L.）Pers.

分类地位：Poaceae/禾本科

原 产 地：原产于地中海地区。

国内分布：安徽、北京、重庆、福建、广东、广西、海南、河北、黑龙江、河南、香港、湖北、湖南、江苏、江西、辽宁、澳门、陕西、山东、上海、山西、四川、台湾、天津、云南、浙江。

中 文 名：苏丹草

学　　名：*Sorghum sudanense*（Piper）Stapf

分类地位：Poaceae/禾本科

原 产 地：原产于非洲。

国内分布：安徽、北京、福建、甘肃、广东、贵州、河北、黑龙江、河南、香港、湖北、湖南、江苏、吉林、辽宁、内蒙古、宁夏、陕西、山东、上海、山西、四川、天津、新疆、浙江。

★中文名：互花米草

别　　名：米草

学　　名：*Spartina alterniflora* Loisel.

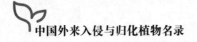

分类地位：Poaceae/禾本科

原 产 地：原产于北美洲大西洋海岸。

国内分布：福建、广东、广西、河北、香港、湖北、湖南、江苏、辽宁、山东、上海、台湾、天津、浙江。

★中文名：大米草

学　　名：*Spartina anglica* C. E. Hubb.

分类地位：Poaceae/禾本科

原 产 地：原产于英国。

国内分布：北京、福建、广东、广西、海南、河北、江苏、辽宁、山东、上海、四川、天津、澳门、浙江。

中 文 名：具枕鼠尾粟

学　　名：*Sporobolus pyramidatus* Swallen

分类地位：Poaceae/禾本科

原 产 地：原产于美洲，从墨西哥延伸到阿根廷。

国内分布：甘肃、河南、天津。

中 文 名：热带鼠尾粟

学　　名：*Sporobolus tenuissimus*（Mart. ex Schrank）Kuntze

分类地位：Poaceae/禾本科

原 产 地：原产于美洲热带地区。

国内分布：台湾。

中 文 名：侧钝叶草

学　　名：*Stenotaphrum secundatum*（Walter）Kuntze

分类地位：Poaceae/禾本科

原 产 地：原产于北美洲。

国内分布：海南、香港、台湾。

中 文 名：鸭足状磨擦草

学　　名：*Tripsacum dactyloides*（L.）L.

分类地位：Poaceae/禾本科

原 产 地：原产于美国东部至南美洲北部。

国内分布：台湾。

Papaveraceae/ 罂粟科

★中文名：蓟罂粟

别　　名：刺罂粟、老鼠簕、花叶大蓟、箭罂粟

学　　名：*Argemone mexicana* L.

分类地位：Papaveraceae/ 罂粟科

原 产 地：原产于美洲热带地区。

国内分布：北京、重庆、福建、广东、广西、贵州、海南、香港、湖北、湖南、江苏、澳门、台湾、新疆、云南、浙江。

中 文 名：烟堇

学　　名：*Fumaria officinalis* L.

分类地位：Papaveraceae/ 罂粟科

原 产 地：可能原产于欧洲东部。

国内分布：北京、福建、江苏、台湾、新疆。

中 文 名：小花球果紫堇

学　　名：*Fumaria parviflora* Lam.

分类地位：Papaveraceae/ 罂粟科

原 产 地：原产于欧洲、非洲、中东和亚洲南部。

国内分布：台湾。

中 文 名：野罂粟

学　　名：*Papaver nudicaule* L.

分类地位：Papaveraceae/ 罂粟科

原 产 地：原产于欧洲的次极地地区、亚洲及北美洲。

国内分布：安徽、北京、重庆、甘肃、广东、广西、河北、黑龙江、河南、湖北、吉林、内蒙古、宁夏、青海、陕西、山东、上海、山西、四川、天津、新疆、西藏、云南、浙江。

中 文 名：虞美人

学　　名：*Papaver rhoeas* L.

分类地位：Papaveraceae/ 罂粟科

原 产 地：原产于北非、亚洲西南部和欧洲。

国内分布：安徽、北京、重庆、福建、甘肃、广东、广西、河北、黑龙江、河南、湖北、湖南、江苏、江西、吉林、辽宁、内蒙古、青海、陕西、山东、上海、山西、四川、台湾、天津、新疆、云南、浙江。

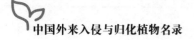 **Ranunculaceae/ 毛茛科**

中 文 名：飞燕草

学　　名：*Consolida ajacis*（L.）Schur

分类地位：Ranunculaceae/ 毛茛科

原 产 地：原产于欧洲和非洲。

国内分布：安徽、北京、重庆、甘肃、广东、河南、湖北、江苏、辽宁、澳门、内蒙古、陕西、上海、四川、天津、新疆、西藏、浙江。

中 文 名：田野毛茛

学　　名：*Ranunculus arvensis* L.

分类地位：Ranunculaceae/ 毛茛科

原 产 地：原产于亚洲西部和欧洲。

国内分布：安徽、广西、河南、湖北、江苏、江西。

★中 文 名：刺果毛茛

别　　名：野芹菜、刺果小毛茛

学　　名：*Ranunculus muricatus* L.

分类地位：Ranunculaceae/毛茛科

原 产 地：原产于亚洲西部和欧洲。

国内分布：安徽、江苏、江西、陕西、上海、浙江。

中 文 名：欧毛茛

学　　名：*Ranunculus sardous* Crantz

分类地位：Ranunculaceae/毛茛科

原 产 地：原产于欧洲。

国内分布：上海。

✿ **Grossulariaceae/茶藨子科**

中 文 名：多花茶藨子

学　　名：*Ribes multiflorum* Kit. ex Roem. & Schult.

分类地位：Grossulariaceae/茶藨子科

原 产 地：原产于欧洲东南部。

国内分布：河北、陕西、山西。

中 文 名：黑茶藨子

学　　名：*Ribes nigrum* L.

分类地位：Grossulariaceae/茶藨子科

原 产 地：原产于亚洲北部和欧洲的温带地区。

国内分布：甘肃、河北、黑龙江、辽宁、内蒙古、青海、山西、四川、新疆。

中 文 名：欧洲醋栗

学 名：*Ribes reclinatum* L.

分类地位：Grossulariaceae/茶藨子科

原 产 地：原产于欧洲。

国内分布：河北、黑龙江、吉林、辽宁、山东、新疆。

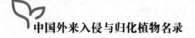
Crassulaceae/景天科

中 文 名：大叶落地生根

学 名：*Bryophyllum daigremontianum*（Raym. -Hamet & H. Perrier）A. Berger

分类地位：Crassulaceae/景天科

原 产 地：原产于马达加斯加。

国内分布：北京、福建、广东、广西、海南、江苏、澳门、上海、四川、新疆。

★中文名：棒叶景天

别 名：棒叶落地生根、肉吊莲、玉吊钟

学 名：*Bryophyllum delagoense*（Eckl. & Zeyh.）Schinz

分类地位：Crassulaceae/景天科

原 产 地：原产于马达加斯加。

国内分布：安徽、北京、福建、广东、广西、海南、香港、澳门、上海、台湾。

★中文名：落地生根

别 名：灯笼花、土三七、叶生根

学 名：*Bryophyllum pinnatum*（Lam.）Oken

分类地位：Crassulaceae/景天科

原 产 地：原产于马达加斯加。

国内分布：北京、重庆、福建、广东、广西、贵州、海南、香港、湖北、江西、澳门、山东、四川、台湾、天津、云南、浙江。

中 文 名：松叶佛甲草

学　　名：*Sedum mexicanum* Britton

分类地位：Crassulaceae/景天科

原 产 地：原产于墨西哥。

国内分布：台湾。

Haloragaceae/ 小二仙草科

★中文名：粉绿狐尾藻

别　　名：大聚藻、绿狐尾藻

学　　名：*Myriophyllum aquaticum*（Vell.）Verdc.

分类地位：Haloragaceae/小二仙草科

原 产 地：原产于南美洲亚马孙河流域。

国内分布：安徽、福建、广东、海南、江苏、江西、台湾、云南、浙江。

中 文 名：异叶狐尾藻

学　　名：*Myriophyllum heterophyllum* Michx.

分类地位：Haloragaceae/小二仙草科

原 产 地：原产于美国南部。

国内分布：广东。

Vitaceae/ 葡萄科

中 文 名：海岸乌蔹莓

学　　名：*Cayratia maritima* Jackes

分类地位：Vitaceae/葡萄科

原　产　地：可能原产于澳大利亚。

国内分布：台湾。

中　文　名：锦屏藤

学　　　名：*Cissus sicyoides* L.

分类地位：Vitaceae/ 葡萄科

原　产　地：原产于美洲热带地区。

国内分布：广西、台湾。

★中文名：五叶地锦

别　　　名：五叶爬山虎

学　　　名：*Parthenocissus quinquefolia*（L.）Planch.

分类地位：Vitaceae/ 葡萄科

原　产　地：原产于北美洲东部。

国内分布：安徽、北京、甘肃、广东、广西、贵州、海南、河北、黑龙江、河南、湖北、江苏、江西、吉林、辽宁、内蒙古、陕西、山东、上海、山西、四川、台湾、天津、浙江。

Fabaceae/ 豆科

中　文　名：耳叶相思

别　　　名：大叶相思

学　　　名：*Acacia auriculiformis* A. Cunn. ex Benth.

分类地位：Fabaceae/ 豆科

原　产　地：原产于澳大利亚、印度尼西亚和巴布亚新几内亚。

国内分布：重庆、福建、广东、广西、贵州、海南、湖南、江西、澳门、四川、云南、浙江。

★中文名：银荆

别　　名：鱼骨槐、鱼骨松

学　　名：*Acacia dealbata* Link

分类地位：Fabaceae/豆科

原 产 地：原产于澳大利亚。

国内分布：重庆、福建、广东、广西、贵州、海南、湖北、湖南、江苏、江西、上海、四川、台湾、云南、浙江。

中 文 名：线叶金合欢

学　　名：*Acacia decurrens* Willd.

分类地位：Fabaceae/豆科

原 产 地：原产于澳大利亚新南威尔士州。

国内分布：重庆、广东、广西、贵州、海南、湖南、四川、云南、浙江。

★中文名：金合欢

别　　名：鸭皂树、刺毯花、牛角花

学　　名：*Acacia farnesiana*（Linn.）Willd.

分类地位：Fabaceae/豆科

原 产 地：原产于美洲热带地区。

国内分布：重庆、福建、广东、广西、贵州、海南、河南、香港、湖南、江西、上海、四川、台湾、云南、浙江。

中 文 名：灰金合欢

学　　名：*Acacia glauca*（L.）Moench

分类地位：Fabaceae/豆科

原 产 地：原产于加勒比海和南美洲。

国内分布：福建、广东、广西、贵州、海南、云南、浙江。

中 文 名：长叶相思树

学　　名：*Acacia longifolia*（Andrews）Willd.

分类地位：Fabaceae/豆科

原 产 地：原产于澳大利亚。

国内分布：重庆、福建、广东。

★中文名：黑荆

别　　名：栲皮树、黑儿茶

学　　名：*Acacia mearnsii* De Wild.

分类地位：Fabaceae/豆科

原 产 地：原产于澳大利亚。

国内分布：重庆、福建、广东、广西、贵州、海南、湖北、湖南、江西、四川、台湾、云南、浙江。

中 文 名：阿拉伯胶树

别　　名：海滨合欢

学　　名：*Acacia senegal*（L.）Willd.

分类地位：Fabaceae/豆科

原 产 地：原产于非洲撒哈拉以南的半荒漠地区，以及阿曼、巴基斯坦和印度西海岸。

国内分布：海南、台湾、云南。

中 文 名：海滨合欢

学　　名：*Acacia spinosa* Marl. & Engl.

分类地位：Fabaceae/豆科

原 产 地：原产于非洲南部。

国内分布：福建、广东、广西、贵州、海南、云南、浙江。

★中文名：美洲合萌

别　　名：美国田皂角、美国合萌

学　　名：*Aeschynomene americana* L.

分类地位：Fabaceae/豆科

原　产　地：原产于美洲热带地区。

国内分布：广东、海南、江苏、澳门、台湾。

★中文名：阔荚合欢

别　　名：大叶合欢

学　　名：*Albizia lebbeck*（L.）Benth.

分类地位：Fabaceae/豆科

原　产　地：原产于马来半岛、新几内亚和澳大利亚。

国内分布：福建、广东、广西、贵州、海南、河南、香港、湖北、江苏、澳门、四川、台湾、云南、浙江。

中　文　名：卵叶链荚豆

学　　名：*Alysicarpus ovalifolius*（Schumach.）J. Léonard

分类地位：Fabaceae/豆科

原　产　地：原产于非洲热带地区和亚洲热带地区。

国内分布：海南、台湾。

★中文名：紫穗槐

别　　名：紫槐、棉槐、棉条、椒条

学　　名：*Amorpha fruticosa* L.

分类地位：Fabaceae/豆科

原　产　地：原产于北美洲。

国内分布：安徽、北京、重庆、福建、甘肃、广东、广西、贵州、河北、黑龙江、河南、湖北、湖南、江苏、江西、吉林、辽宁、内蒙古、宁夏、青海、陕西、山东、上海、山西、四川、台湾、天津、新疆、西藏、云南、浙江。

中　文　名：蔓花生

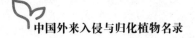

学　　名：*Arachis duranensis* Krapov. & W. C. Greg.

分类地位：Fabaceae/豆科

原　产　地：原产于阿根廷、玻利维亚和巴拉圭。

国内分布：福建、广东、广西、海南、江西、澳门、台湾、云南。

★中文名：木豆

别　　名：三叶豆、树豆

学　　名：*Cajanus cajan*（L.）Huth

分类地位：Fabaceae/豆科

原　产　地：可能原产于亚洲热带地区。

国内分布：北京、福建、甘肃、广东、广西、贵州、海南、香港、湖北、湖南、江苏、天津、山东、上海、山西、四川、台湾、西藏、云南、浙江。

★中文名：毛蔓豆

别　　名：拟大豆、马来西亚毛蔓豆

学　　名：*Calopogonium mucunoides* Desv.

分类地位：Fabaceae/豆科

原　产　地：原产于美洲热带地区。

国内分布：广东、广西、海南、河北、台湾、云南。

中 文 名：直生刀豆

学　　名：*Canavalia ensiformis*（L.）DC.

分类地位：Fabaceae/豆科

原　产　地：原产于美洲热带地区。

国内分布：广东、广西、海南、河北、湖南、江苏、台湾。

★中文名：距瓣豆

别　　名：蝴蝶豆、山珠豆

学　　名：*Centrosema pubescens* Benth.

分类地位：Fabaceae/豆科

原 产 地：原产于美洲热带地区，从墨西哥到秘鲁再到巴西。

国内分布：福建、广东、海南、河南、江苏、台湾、云南。

★中文名：含羞草决明

别　　名：夜合草、假含羞草

学　　名：*Chamaecrista mimosoides*（L.）Greene

分类地位：Fabaceae/ 豆科

原 产 地：原产于美洲热带地区。

国内分布：安徽、北京、重庆、福建、广东、广西、贵州、海南、河北、黑龙江、香港、湖北、湖南、江苏、江西、辽宁、澳门、陕西、山东、上海、山西、四川、台湾、天津、云南、浙江。

中 文 名：含羞山扁豆

学　　名：*Chamaecrista nictitans*（L.）Moench

分类地位：Fabaceae/ 豆科

原 产 地：原产于美洲。

国内分布：广西、台湾。

中 文 名：大叶假含羞草

学　　名：*Chamaecrista nictitans* subsp. *patellaria*（DC. ex Collad.）H. S. Irwin & Barneby

分类地位：Fabaceae/ 豆科

原 产 地：原产于美洲。

国内分布：台湾。

中 文 名：镰刀荚蝶豆

学　　名：*Clitoria falcata* Lam.

分类地位：Fabaceae/ 豆科

原 产 地：原产于美洲热带地区。

国内分布：台湾。

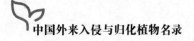

中 文 名：棱荚蝶豆

学　　名：*Clitoria laurifolia* Poir.

分类地位：Fabaceae/ 豆科

原 产 地：原产于亚洲、非洲热带地区。

国内分布：广东沿海地区。

★中文名：蝶豆

别　　名：蓝蝴蝶、蓝花豆

学　　名：*Clitoria ternatea* L.

分类地位：Fabaceae/ 豆科

原 产 地：原产于印度尼西亚和马来西亚。

国内分布：福建、广东、广西、贵州、海南、香港、江西、澳门、陕西、上海、台湾、云南、浙江。

★中文名：绣球小冠花

别　　名：小冠花

学　　名：*Coronilla varia* L.

分类地位：Fabaceae/ 豆科

原 产 地：原产于欧洲的地中海地区、东南亚和北非。

国内分布：北京、甘肃、江苏、辽宁、陕西、上海、新疆。

中 文 名：西非猪屎豆

学　　名：*Crotalaria goreensis* Guill. & Perr.

分类地位：Fabaceae/ 豆科

原 产 地：原产于非洲热带地区。

国内分布：台湾。

中 文 名：圆叶猪屎豆

别　　名：恒春野百合、猪屎青

学　　名：*Crotalaria incana* L.

分类地位： Fabaceae/豆科

原 产 地： 原产于非洲、阿拉伯半岛、墨西哥和南美洲。

国内分布： 安徽、广东、广西、江苏、台湾、云南、浙江。

中 文 名： 菽麻

别　　名： 太阳麻

学　　名： *Crotalaria juncea* L.

分类地位： Fabaceae/豆科

原 产 地： 原产于亚洲热带地区。

国内分布： 安徽、重庆、福建、广东、广西、海南、河北、江苏、江西、陕西、山东、上海、山西、四川、台湾、新疆、云南、浙江。

★中文名： 长果猪屎豆

别　　名： 长叶猪屎豆

学　　名： *Crotalaria lanceolata* E. Mey.

分类地位： Fabaceae/豆科

原 产 地： 原产于非洲。

国内分布： 福建、广东、广西、海南、台湾、云南。

★中文名： 三尖叶猪屎豆

别　　名： 黄野百合、美洲野百合、三角叶猪屎豆

学　　名： *Crotalaria micans* Link

分类地位： Fabaceae/豆科

原 产 地： 原产于墨西哥和南美洲。

国内分布： 福建、广东、广西、海南、湖北、湖南、内蒙古、台湾、云南。

★中文名： 狭叶猪屎豆

别　　名： 条叶猪屎豆、狭线叶猪屎豆

学　　名： *Crotalaria ochroleuca* G. Don

分类地位： Fabaceae/豆科

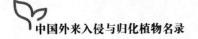

原　产　地：原产于非洲。

国内分布：广东、广西、海南、云南、浙江。

★中文名：猪屎豆

别　　名：黄野百合

学　　名：*Crotalaria pallida* Aiton

分类地位：Fabaceae/豆科

原　产　地：可能原产于非洲。

国内分布：安徽、福建、广东、广西、海南、香港、湖北、湖南、江苏、江西、澳门、内蒙古、陕西、山东、上海、四川、台湾、云南、浙江。

★中文名：光萼猪屎豆

别　　名：光萼野百合、苦罗豆、南美猪屎豆

学　　名：*Crotalaria trichotoma* Bojer

分类地位：Fabaceae/豆科

原　产　地：原产于东非。

国内分布：福建、广东、广西、贵州、海南、香港、湖南、江苏、内蒙古、四川、台湾、云南。

中　文　名：砂地野百合

学　　名：*Crotalaria triquetra* Dalzell

分类地位：Fabaceae/豆科

原　产　地：原产于印度、印度尼西亚和斯里兰卡。

国内分布：台湾南部。

中　文　名：伊州含羞草

学　　名：*Desmanthus illinoensis*（Michx.）MacMill. ex B. L. Rob. & Fernald

分类地位：Fabaceae/豆科

原　产　地：原产于美国中部平原。

国内分布：江苏。

★中文名：合欢草

别　　名：多枝合欢草、细合欢草

学　　名：*Desmanthus pernambucanus*（L.）Thell.

分类地位：Fabaceae/豆科

原 产 地：原产于美洲热带地区。

国内分布：广东、海南、香港、台湾、云南。

中 文 名：扭曲山蚂蝗

学　　名：*Desmodium intortum*（Mill.）Urb.

分类地位：Fabaceae/豆科

原 产 地：原产于美洲热带地区。

国内分布：广东、香港、台湾。

中 文 名：蝎尾山蚂蝗

学　　名：*Desmodium scorpiurus*（Sw.）Poir. in F. Cuvier

分类地位：Fabaceae/豆科

原 产 地：原产于美洲热带地区。

国内分布：台湾南部。

★中文名：南美山蚂蝗

别　　名：扁草子

学　　名：*Desmodium tortuosum*（Sw.）DC.

分类地位：Fabaceae/豆科

原 产 地：原产于美洲热带地区。

国内分布：福建、广东、广西、海南、香港、湖南、江西、澳门、台湾。

中 文 名：银叶藤

学　　名：*Desmodium uncinatum*（Jacq.）DC.

分类地位：Fabaceae/豆科

原 产 地：原产于南美洲。

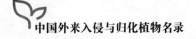

国内分布：广东、台湾。

中 文 名：龙牙花
学　　名：*Erythrina corallodendron* L.
分类地位：Fabaceae/ 豆科
原 产 地：原产于加勒比海和南美洲北部。
国内分布：北京、重庆、福建、广东、广西、贵州、海南、河北、香港、湖北、江苏、江西、澳门、山东、四川、台湾、天津、云南、浙江。

中 文 名：采木
学　　名：*Haematoxylum campechianum* L.
分类地位：Fabaceae/ 豆科
原 产 地：原产于美洲热带地区。
国内分布：广东（广州）、台湾、云南。

★中文名：野青树
别　　名：假蓝靛、菁子、木蓝、小蓝青、靛花、蓝靛、靛沫、番菁
学　　名：*Indigofera suffruticosa* Mill.
分类地位：Fabaceae/ 豆科
原 产 地：原产于美洲热带地区。
国内分布：北京、福建、广东、广西、贵州、海南、香港、江苏、江西、澳门、内蒙古、上海、山西、台湾、云南、浙江。

中 文 名：宽叶山黧豆
学　　名：*Lathyrus latifolius* L.
分类地位：Fabaceae/ 豆科
原 产 地：原产于欧洲。
国内分布：栽培于陕西；在河北、江西归化。

★中文名：银合欢

别　　名：白合欢

学　　名：*Leucaena leucocephala*（Lam.）de Wit

分类地位：Fabaceae/豆科

原 产 地：原产于美洲热带地区。

国内分布：重庆、福建、广东、广西、贵州、海南、香港、湖北、湖南、江苏、江西、澳门、内蒙古、陕西、上海、四川、台湾、云南、浙江。

★中文名：紫花大翼豆

别　　名：紫菜豆

学　　名：*Macroptilium atropurpureum*（DC.）Urb.

分类地位：Fabaceae/豆科

原 产 地：原产于美洲热带地区和加勒比地区。

国内分布：福建、广东、广西、海南、江西、澳门、台湾、云南。

★中文名：大翼豆

别　　名：宽翼豆、长序翼豆

学　　名：*Macroptilium lathyroides*（L.）Urb.

分类地位：Fabaceae/豆科

原 产 地：原产于美洲热带地区。

国内分布：福建、广东、贵州、海南、香港、澳门、台湾。

中 文 名：硬皮豆

学　　名：*Macrotyloma uniflorum*（Lam.）Verdc.

分类地位：Fabaceae/豆科

原 产 地：原产于非洲和亚洲热带地区。

国内分布：海南、台湾（屏东）。

中 文 名：褐斑苜蓿

学　　名：*Medicago arabica*（L.）Hudson

分类地位：Fabaceae/豆科

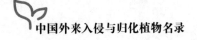

原 产 地：原产于地中海地区。

国内分布：福建、广东、广西、海南、湖南、江苏、台湾。

中 文 名：小苜蓿

别　　名：野苜蓿

学　　名：*Medicago minima*（L.）Bartal.

分类地位：Fabaceae/豆科

原 产 地：原产于伊朗。

国内分布：辽宁、河北、山西、山东、河南、陕西、甘肃、安徽、江苏、上海、浙江、江西、湖北、重庆、四川、广西。

★中文名：南苜蓿

别　　名：黄花草子、金花菜

学　　名：*Medicago polymorpha* L.

分类地位：Fabaceae/豆科

原 产 地：原产于中亚、西亚和地中海地区。

国内分布：安徽、北京、重庆、福建、甘肃、广东、广西、贵州、海南、河北、黑龙江、河南、香港、湖北、湖南、江苏、江西、辽宁、内蒙古、陕西、山东、上海、四川、台湾、新疆、西藏、云南、浙江。

★中文名：紫苜蓿

别　　名：紫花苜蓿、苜蓿

学　　名：*Medicago sativa* L.

分类地位：Fabaceae/豆科

原 产 地：原产于亚洲，也可能原产于欧洲。

国内分布：安徽、北京、重庆、福建、甘肃、广西、贵州、河北、黑龙江、河南、香港、湖北、湖南、江苏、江西、吉林、辽宁、澳门、内蒙古、宁夏、青海、陕西、山西、山东、上海、四川、台湾、天津、新疆、西藏、云南、浙江。

★中文名：白香草木犀

别　　名：白甜车轴草

学　　名：*Melilotus albus* Medik.

分类地位：Fabaceae/豆科

原 产 地：原产于欧洲西南部至亚洲西部。

国内分布：安徽、北京、重庆、福建、甘肃、广东、贵州、海南、河北、黑龙江、河南、湖北、湖南、江苏、江西、吉林、辽宁、内蒙古、宁夏、青海、陕西、山东、上海、山西、四川、天津、新疆、西藏、云南、浙江。

★中文名：印度草木犀

别　　名：小花草木犀

学　　名：*Melilotus indicus*（L.）All.

分类地位：Fabaceae/豆科

原 产 地：原产于欧洲西南部到亚洲。

国内分布：安徽、北京、重庆、福建、甘肃、广东、广西、贵州、海南、河北、河南、湖北、湖南、江苏、江西、辽宁、青海、山西、山东、上海、山西、四川、台湾、新疆、西藏、云南、浙江。

★中文名：黄香草木犀

别　　名：辟汗草

学　　名：*Melilotus officinalis*（L.）Lam.

分类地位：Fabaceae/豆科

原 产 地：原产于欧亚大陆。

国内分布：安徽、北京、重庆、福建、甘肃、广东、广西、贵州、海南、河北、黑龙江、河南、湖北、湖南、江苏、江西、吉林、辽宁、内蒙古、青海、陕西、山东、上海、山西、四川、台湾、天津、新疆、西藏、云南、浙江。

★中文名：光荚含羞草

别　　名：簕仔树

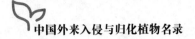

学　　名：*Mimosa bimucronata*（DC.）Kuntze

分类地位：Fabaceae/豆科

原 产 地：原产于南美洲。

国内分布：重庆、福建、广东、广西、海南、香港、湖南、江西、澳门、台湾、云南。

★中文名：巴西含羞草

别　　名：美洲含羞草、含羞草

学　　名：*Mimosa diplotricha* C. Wright

分类地位：Fabaceae/豆科

原 产 地：原产于美洲热带地区。

国内分布：福建、广东、广西、海南、香港、台湾、云南。

★中文名：无刺巴西含羞草

别　　名：毒死牛

学　　名：*Mimosa diplotricha* var. *inermis*（Adelb.）Verdc.

分类地位：Fabaceae/豆科

原 产 地：原产于印度尼西亚和巴布亚新几内亚。

国内分布：福建、广东、广西、海南、云南。

★中文名：刺轴含羞草

别　　名：含羞树

学　　名：*Mimosa pigra* L.

分类地位：Fabaceae/豆科

原 产 地：原产于美洲热带地区，从墨西哥至阿根廷。

国内分布：海南、台湾、云南。

★中文名：含羞草

别　　名：知羞草、呼喝草、双羽含羞草

学　　名：*Mimosa pudica* L.

分类地位：Fabaceae/豆科

原 产 地：原产于美洲热带地区。

国内分布：安徽、北京、重庆、福建、广东、广西、贵州、海南、黑龙江、河南、香港、湖北、湖南、江苏、江西、辽宁、澳门、内蒙古、陕西、山东、上海、山西、四川、台湾、天津、新疆、云南、浙江。

中 文 名：爪哇大豆

学　　名：*Neonotonia wighti*（Graham ex Wight & Arn.）J. A. Lackey

分类地位：Fabaceae/豆科

原 产 地：原产于非洲、亚洲热带地区和东印度群岛。

国内分布：台湾。

中 文 名：细枝水合欢

学　　名：*Neptunia gracilis* Benth.

分类地位：Fabaceae/豆科

原 产 地：原产于澳大利亚，在菲律宾间断分布。

国内分布：台湾。

中 文 名：假含羞草

学　　名：*Neptunia plena*（L.）Benth.

分类地位：Fabaceae/豆科

原 产 地：原产于美洲热带地区。

国内分布：福建、广东、台湾。

中 文 名：毛水合欢

学　　名：*Neptunia pubescens* Benth.

分类地位：Fabaceae/豆科

原 产 地：原产于美洲。

国内分布：台湾。

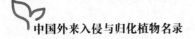

中 文 名：豆薯

别　　名：沙葛

学　　名：*Pachyrhizus erosus*（L.）Urb.

分类地位：Fabaceae/豆科

原 产 地：原产于美洲热带地区。

国内分布：安徽、北京、重庆、福建、甘肃、广东、广西、贵州、海南、香港、湖北、湖南、江苏、江西、澳门、山西、四川、台湾、云南、浙江。

中 文 名：毛鱼藤

学　　名：*Paraderris elliptica*（Wall.）Adema

分类地位：Fabaceae/豆科

原 产 地：原产于柬埔寨、印度、印度尼西亚、老挝、马来西亚、菲律宾、泰国、越南。

国内分布：广东、广西、贵州、海南、湖南、江西、台湾、云南。

★中文名：刺槐

别　　名：洋槐

学　　名：*Robinia pseudoacacia* L.

分类地位：Fabaceae/豆科

原 产 地：原产于美国东南部。

国内分布：安徽、北京、重庆、福建、甘肃、广东、广西、贵州、河北、黑龙江、河南、香港、湖北、湖南、江苏、江西、吉林、辽宁、澳门、内蒙古、陕西、山东、上海、山西、四川、天津、新疆、西藏、云南、浙江。

★中文名：翅荚决明

别　　名：有翅决明、刺荚黄槐、具翅决明、蜡烛花、翼柄决明

学　　名：*Senna alata*（L.）Roxb.

分类地位：Fabaceae/豆科

原 产 地：原产于墨西哥。

国内分布：广东、广西、海南、香港、江西、澳门、台湾、云南。

★中文名：双荚决明

学　　名：*Senna bicapsularis*（L.）Roxb.

分类地位：Fabaceae/ 豆科

原 产 地：原产于美洲热带地区。

国内分布：重庆、福建、广东、广西、贵州、海南、香港、湖北、澳门、上海、四川、云南、浙江。

中 文 名：伞房决明

学　　名：*Senna corymbosa*（Lam.）H. S. Irwin & Barneby

分类地位：Fabaceae/ 豆科

原 产 地：原产于南美洲。

国内分布：重庆、上海、江苏、江西、天津、云南、浙江。

中 文 名：长穗决明

学　　名：*Senna didymobotrya*（Fresen.）H. S. Irwin & Barneby

分类地位：Fabaceae/ 豆科

原 产 地：原产于非洲热带地区。

国内分布：广东、海南、云南。

中 文 名：大叶决明

学　　名：*Senna fruticosa*（Mill.）H. S. Irwin et Barneby

分类地位：Fabaceae/ 豆科

原 产 地：原产于美洲热带地区。

国内分布：广东。

中 文 名：毛荚决明

别　　名：毛决明

学　　名：*Senna hirsuta*（L.）H. S. Irwin & Barneby

分类地位：Fabaceae/ 豆科

原 产 地：原产于美国、墨西哥、加勒比地区、南美洲热带和亚热带地区。

国内分布：福建、广东、海南、香港、台湾、云南。

★中文名：钝叶决明

别　　名：草决明

学　　名：*Senna obtusifolia*（L.）H. S. Irwin & Barneby

分类地位：Fabaceae/豆科

原 产 地：原产于美国南部和东部及墨西哥。

国内分布：安徽、北京、重庆、广西、贵州、江苏、陕西、山东、四川、
浙江。

★中文名：望江南

别　　名：羊角豆、野扁豆、喉白草、狗屎豆

学　　名：*Senna occidentalis*（L.）Link

分类地位：Fabaceae/豆科

原 产 地：原产于美洲热带地区。

国内分布：安徽、北京、重庆、福建、甘肃、广东、广西、贵州、海南、
河北、黑龙江、河南、香港、湖北、湖南、江苏、江西、澳门、内蒙古、陕
西、山东、上海、山西、四川、台湾、天津、新疆、西藏、云南、浙江。

中 文 名：光叶决明

别　　名：伞房决明、平滑决明、光决明、怀花米

学　　名：*Senna septemtrionalis*（Viviani）H. S. Irwin & Barneby

分类地位：Fabaceae/豆科

原 产 地：原产于美洲热带地区。

国内分布：广东、广西、上海、云南。

中 文 名：槐叶决明

学　　名：*Senna sophera*（L.）Roxb.

分类地位：Fabaceae/豆科

原　产　地：原产于亚洲热带地区。

国内分布：安徽、北京、重庆、福建、广东、广西、贵州、海南、河北、香港、湖北、湖南、江苏、江西、辽宁、陕西、山东、上海、山西、四川、台湾、天津、云南、浙江。

中　文　名：粉叶决明

学　　　名：*Senna sulfurea*（Collad.）H. S. Irwin & Barneby

分类地位：Fabaceae/豆科

原　产　地：原产于印度、老挝、马来西亚、斯里兰卡、泰国、越南、澳大利亚和太平洋岛屿。

国内分布：福建、广东、贵州、台湾、云南。

中　文　名：黄槐决明

别　　　名：黄槐

学　　　名：*Senna surattensis*（Burm. f.）H. S. Irwin & Barneby

分类地位：Fabaceae/豆科

原　产　地：原产于亚洲热带地区。

国内分布：安徽、重庆、广东、广西、贵州、海南、香港、湖北、江西、澳门、上海、四川、台湾、云南、浙江。

中　文　名：多花决明

学　　　名：*Senna×floribunda*（Cav.）H. S. Irwin & Barneby

分类地位：Fabaceae/豆科

原　产　地：原产于北美洲。

国内分布：福建、广东、广西、海南、台湾、云南、浙江。

★中文名：刺田菁

别　　　名：多刺田菁

学　　　名：*Sesbania bispinosa*（Jacq.）W. Wight

分类地位：Fabaceae/豆科

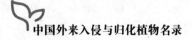

原　产　地：原产于南亚及东南亚。

国内分布：重庆、四川、广东、海南、广西、云南。

★中文名：田菁

别　　名：碱青、铁青草、涝豆

学　　名：*Sesbania cannabina*（Retz.）Poir.

分类地位：Fabaceae/豆科

原　产　地：可能原产于澳大利亚和太平洋的一些岛屿。

国内分布：安徽、北京、重庆、福建、广东、广西、海南、河北、河南、香港、湖北、湖南、江苏、江西、澳门、内蒙古、陕西、山东、上海、山西、四川、台湾、天津、云南、浙江。

中　文　名：大花田菁

学　　名：*Sesbania grandiflora*（L.）Poir.

分类地位：Fabaceae/豆科

原　产　地：原产于亚洲热带地区，包括印度、马来西亚、印度尼西亚和菲律宾。

国内分布：福建、广东、广西、海南、内蒙古、台湾、云南。

中　文　名：无毛田菁

学　　名：*Sesbania herbacea*（Mill.）McVaugh

分类地位：Fabaceae/豆科

原　产　地：可能原产于印度。

国内分布：归化于云南。

★中文名：印度田菁

别　　名：埃及田菁

学　　名：*Sesbania sesban*（L.）Merr.

分类地位：Fabaceae/豆科

原　产　地：可能原产于亚洲热带地区。

国内分布：北京、福建、广东、贵州、海南、湖南、台湾、云南、浙江。

★中文名：圭亚那笔花豆
别　　名：热带苜蓿、巴西苜蓿、笔花豆
学　　名：*Stylosanthes guianensis*（Aubl.）Sw.
分类地位：Fabaceae/ 豆科
原 产 地：原产于墨西哥到阿根廷。
国内分布：广东、广西、海南、香港、台湾。

中 文 名：酸豆
学　　名：*Tamarindus indica* L.
分类地位：Fabaceae/ 豆科
原 产 地：原产于非洲。
国内分布：福建、广东、广西、贵州、海南、香港、江苏、澳门、四川、
台湾、云南。

★中文名：白灰毛豆
别　　名：短萼灰叶、山毛豆
学　　名：*Tephrosia candida* DC.
分类地位：Fabaceae/ 豆科
原 产 地：原产于印度。
国内分布：重庆、福建、广东、广西、贵州、海南、香港、湖南、江西、
四川、台湾、云南。

中 文 名：长序灰毛豆
学　　名：*Tephrosia noctiflora* Bojer ex Baker
分类地位：Fabaceae/ 豆科
原 产 地：原产于非洲热带地区。
国内分布：广东、台湾、云南。

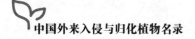

中 文 名：西非灰毛豆

学　　名：*Tephrosia vogeli* Hook. f.

分类地位：Fabaceae/ 豆科

原 产 地：原产于非洲热带地区。

国内分布：广东、海南、台湾。

中 文 名：埃及车轴草

学　　名：*Trifolium alexandrinum* L.

分类地位：Fabaceae/ 豆科

原 产 地：原产于埃及和叙利亚。

国内分布：台湾。

中 文 名：钝叶车轴草

学　　名：*Trifolium dubium* Sibth.

分类地位：Fabaceae/ 豆科

原 产 地：原产于亚洲西南部和欧洲。

国内分布：河南、江苏、陕西、山西、台湾。

★中文名：杂种车轴草

别　　名：杂三叶、金花草、爱沙苜蓿

学　　名：*Trifolium hybridum* L.

分类地位：Fabaceae/ 豆科

原 产 地：原产于摩洛哥、高加索、亚洲西部和欧洲。

国内分布：北京、甘肃、广西、贵州、河北、黑龙江、河南、湖北、湖南、吉林、辽宁、内蒙古、宁夏、陕西、山东、上海、山西、四川、新疆、云南、浙江。

★中文名：绛车轴草

别　　名：绛三叶

学　　名：*Trifolium incarnatum* L.

分类地位：Fabaceae/豆科

原 产 地：原产于地中海地区。

国内分布：安徽、北京、广东、广西、贵州、河北、黑龙江、河南、湖北、湖南、江苏、江西、吉林、辽宁、内蒙古、陕西、山东、山西、四川、新疆、浙江。

★中文名：红三叶

别　　名：三叶草

学　　名：*Trifolium pratense* L.

分类地位：Fabaceae/豆科

原 产 地：原产于北非、亚洲西南部和欧洲。

国内分布：安徽、北京、四川、福建、甘肃、广东、广西、贵州、海南、河北、黑龙江、河南、湖北、湖南、江苏、江西、吉林、辽宁、内蒙古、宁夏、青海、陕西、山东、上海、山西、四川、台湾、天津、新疆、西藏、云南、浙江。

★中文名：白三叶

别　　名：白花三叶草、白三草、车轴草、荷兰翘摇

学　　名：*Trifolium repens* L.

分类地位：Fabaceae/豆科

原 产 地：原产于北非、亚洲和欧洲。

国内分布：安徽、北京、重庆、福建、甘肃、广东、广西、贵州、河北、黑龙江、河南、香港、湖北、湖南、江苏、江西、吉林、辽宁、内蒙古、宁夏、青海、陕西、山东、上海、山西、四川、台湾、天津、新疆、云南、浙江。

中 文 名：扭花车轴草

学　　名：*Trifolium resupinatum* L.

分类地位：Fabaceae/豆科

原 产 地：原产于非洲、高加索、亚洲西部、印度次大陆和欧洲。

国内分布：上海。

中 文 名：狐尾车轴草
学　　名：*Trifolium rubens* L.
分类地位：Fabaceae/ 豆科
原 产 地：原产于亚洲西部和欧洲。
国内分布：北京。

中 文 名：胡卢巴
学　　名：*Trigonella foenum-graecum* L.
分类地位：Fabaceae/ 豆科
原 产 地：原产于高加索、中亚和欧洲。
国内分布：北京、甘肃、广西、河北、黑龙江、河南、湖北、江苏、辽宁、内蒙古、宁夏、青海、陕西、山西、四川、新疆、西藏。

中 文 名：弯果胡卢巴
学　　名：*Trigonella hamosa* Besser
分类地位：Fabaceae/ 豆科
原 产 地：原产于利比亚和埃及。
国内分布：台湾。

★中文名：荆豆
别　　名：金雀花、棘豆
学　　名：*Ulex europaeus* L.
分类地位：Fabaceae/ 豆科
原 产 地：原产于欧洲部分地区。
国内分布：重庆、江苏、上海、云南。

★中文名：长柔毛野豌豆
别　　名：毛叶苕子

学　　名：*Vicia villosa* Roth

分类地位：Fabaceae/豆科

原 产 地：原产于欧洲、北非、西亚和中亚。

国内分布：安徽、北京、重庆、甘肃、广东、广西、贵州、河北、黑龙江、河南、湖北、湖南、江苏、吉林、辽宁、内蒙古、宁夏、青海、陕西、山东、上海、山西、四川、台湾、天津、新疆、西藏、云南、浙江。

Polygalaceae/ 远志科

★中文名：圆锥花远志

学　　名：*Polygala paniculata* L.

分类地位：Polygalaceae/远志科

原 产 地：原产于美洲热带地区，从墨西哥、西印度群岛到巴西。

国内分布：广东、台湾。

Cannabaceae/ 大麻科

★中文名：大麻

别　　名：线麻、火麻、野麻、胡麻、麻

学　　名：*Cannabis sativa* L.

分类地位：Cannabaceae/大麻科

原 产 地：由于长期栽培，原产地不详，可能原产于亚洲中部。

国内分布：安徽、北京、重庆、福建、甘肃、广东、广西、贵州、海南、河北、黑龙江、河南、香港、湖北、湖南、江苏、江西、吉林、辽宁、澳门、内蒙古、宁夏、青海、陕西、山东、上海、山西、四川、台湾、天津、新疆、西藏、云南、浙江。

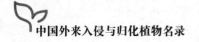

Urticaceae/荨麻科

中 文 名：号角树

学　　名：*Cecropia peltata* L.

分类地位：Urticaceae/荨麻科

原 产 地：原产于墨西哥和南美洲。

国内分布：台湾。

中 文 名：火焰桑叶麻

学　　名：*Laportea aestuans*（L.）Chew

分类地位：Urticaceae/荨麻科

原 产 地：原产于美洲热带地区和非洲。

国内分布：台湾。

★中文名：小叶冷水花

别　　名：透明草、小叶冷水麻、礼花草、玻璃草、小水麻

学　　名：*Pilea microphylla*（L.）Liebm.

分类地位：Urticaceae/荨麻科

原 产 地：原产于美洲热带地区。

国内分布：安徽、北京、重庆、福建、广东、广西、贵州、海南、香港、湖北、湖南、江苏、江西、澳门、上海、山西、台湾、云南、浙江。

中 文 名：泡叶冷水花

学　　名：*Pilea nummulariifolia*（Sw.）Wedd.

分类地位：Urticaceae/荨麻科

原 产 地：原产于南美洲和西印度群岛。

国内分布：台湾。

Casuarinaceae / 木麻黄科

中 文 名：木麻黄
学　　名：*Casuarina equisetifolia* L.
分类地位：Casuarinaceae / 木麻黄科
原 产 地：原产于印度尼西亚、马来西亚、缅甸、巴布亚新几内亚、菲律宾、泰国和越南。
国内分布：重庆、福建、广东、广西、海南、香港、江苏、澳门、上海、四川、台湾、云南、浙江。

中 文 名：粗枝木麻黄
学　　名：*Casuarina glauca* Sieber ex Spreng.
分类地位：Casuarinaceae / 木麻黄科
原 产 地：原产于澳大利亚的东海岸。
国内分布：在福建、广东、海南、台湾、浙江栽培；归化在浙江（舟山）。

Cucurbitaceae / 葫芦科

中 文 名：红瓜
别　　名：金瓜、老鸦菜、山黄瓜
学　　名：*Coccinia grandis*（L.）Voigt
分类地位：Cucurbitaceae / 葫芦科
原 产 地：原产于北美洲。
国内分布：江西、台湾、广东、海南、广西、云南。

★中文名：刺瓜

学　　名：*Echinocystis lobata*（Michx.）Torr. & A. Gray

分类地位：Cucurbitaceae/葫芦科

原 产 地：原产于北美洲。

国内分布：黑龙江、内蒙古。

★中文名：垂瓜果

别　　名：美洲马㼎儿

学　　名：*Melothria pendula* L.

分类地位：Cucurbitaceae/葫芦科

原 产 地：原产于美洲。

国内分布：湖南、台湾。

★中文名：刺果瓜

别　　名：刺瓜藤

学　　名：*Sicyos angulatus* L.

分类地位：Cucurbitaceae/葫芦科

原 产 地：原产于北美洲。

国内分布：北京、河北、辽宁、山东、山西、四川、台湾、云南。

Begoniaceae/秋海棠科

★中文名：四季秋海棠

别　　名：四季海棠、瓜子海棠

学　　名：*Begonia cucullata* Willd.

分类地位：Begoniaceae/秋海棠科

原 产 地：原产于南美洲。

国内分布：福建、广东、香港、江西、澳门、上海、天津、云南、浙江。

🏵 Oxalidaceae/酢浆草科

中 文 名：三敛
别　　名：木胡瓜、胡瓜树
学　　名：*Averrhoa bilimbi* L.
分类地位：Oxalidaceae/酢浆草科
原 产 地：原产于亚洲热带地区。
国内分布：广东、广西、台湾、云南。

★中文名：紫心酢浆草
学　　名：*Oxalis articulata* Savigny
分类地位：Oxalidaceae/酢浆草科
原 产 地：原产于美洲热带地区。
国内分布：山东、江苏、湖北、浙江。

中 文 名：硬枝酢浆草
学　　名：*Oxalis barrelieri* L.
分类地位：Oxalidaceae/酢浆草科
原 产 地：原产于美洲热带地区。
国内分布：海南。

中 文 名：大花酢浆草
学　　名：*Oxalis bowiei* Aiton ex G. Don
分类地位：Oxalidaceae/酢浆草科
原 产 地：原产于南非。
国内分布：北京、河北、河南、江苏、上海、陕西、山东、山西、天津、新疆、浙江。

★中文名：红花酢浆草

别　　名：大酸味草、铜锤草、紫花酢浆草、多花酢浆草

学　　名：*Oxalis debilis* var. *corymbosa*（DC.）Lourteig

分类地位：Oxalidaceae/酢浆草科

原 产 地：原产于美洲热带地区。

国内分布：安徽、北京、重庆、福建、甘肃、广东、广西、贵州、海南、河北、黑龙江、河南、香港、湖北、湖南、江苏、江西、吉林、辽宁、澳门、内蒙古、宁夏、青海、陕西、山东、上海、山西、四川、台湾、天津、新疆、西藏、云南、浙江。

★中文名：宽叶酢浆草

学　　名：*Oxalis latifolia* Kunth

分类地位：Oxalidaceae/酢浆草科

原 产 地：原产于美洲热带部分地区。

国内分布：福建、广东、广西、台湾、云南。

中 文 名：黄花酢浆草

学　　名：*Oxalis pes-caprae* L.

分类地位：Oxalidaceae/酢浆草科

原 产 地：原产于南非。

国内分布：重庆、福建、广西、江苏、上海、天津。

★中文名：紫叶酢浆草

学　　名：*Oxalis triangularis* A. St. -Hil.

分类地位：Oxalidaceae/酢浆草科

原 产 地：原产于南美洲。

国内分布：重庆、福建、河南、湖北、江西、上海、四川、台湾。

🌿 Elaeocarpaceae/杜英科

中 文 名：锡兰杜英
学　　名：*Elaeocarpus serratus* L.
分类地位：Elaeocarpaceae/杜英科
原 产 地：原产于斯里兰卡。
国内分布：福建、广东、广西、海南、台湾、云南。

🌿 Euphorbiaceae/大戟科

中 文 名：南美铁苋
学　　名：*Acalypha aristata* Kunth
分类地位：Euphorbiaceae/大戟科
原 产 地：原产于墨西哥、西印度群岛南部、巴拿马、委内瑞拉、秘鲁和巴西。
国内分布：台湾。

中 文 名：热带铁苋菜
学　　名：*Acalypha indica* L.
分类地位：Euphorbiaceae/大戟科
原 产 地：原产于非洲热带地区和亚洲热带地区。
国内分布：广东、广西、海南东部、台湾南部。

★中文名：波氏巴豆
别　　名：本氏巴豆
学　　名：*Croton bonplandianus* Baill.
分类地位：Euphorbiaceae/大戟科
原 产 地：原产于南美洲。

国内分布：台湾。

★中文名：硬毛巴豆
学　　名：*Croton hirtus* L' Hér.
分类地位：Euphorbiaceae/ 大戟科
原 产 地：原产于美洲热带地区。
国内分布：海南。

★中文名：密毛巴豆
学　　名：*Croton lindheimeri*（Engelm. & A. Gray）Alph. Wood
分类地位：Euphorbiaceae/ 大戟科
原 产 地：原产于美国。
国内分布：安徽。

★中文名：火殃簕
学　　名：*Euphorbia antiquorum* L.
分类地位：Euphorbiaceae/ 大戟科
原 产 地：原产于印度、斯里兰卡和东南亚。
国内分布：安徽、重庆、福建、广东、广西、贵州、海南、香港、湖北、
湖南、江苏、江西、澳门、陕西、四川、天津、西藏、云南、浙江。

中 文 名：毛果地锦
学　　名：*Euphorbia chamaeclada* Ule
分类地位：Euphorbiaceae/ 大戟科
原 产 地：原产于巴西。
国内分布：上海。

中 文 名：拟斑地锦
学　　名：*Euphorbia chamaesyce* L.
分类地位：Euphorbiaceae/ 大戟科

原 产 地：原产于加那利群岛东部，横跨地中海地区，延伸到俄罗斯西北部和巴基斯坦。

国内分布：安徽。

★中文名：猩猩草

别　　名：圣诞树、草一品红

学　　名：*Euphorbia cyathophora* Murray

分类地位：Euphorbiaceae/ 大戟科

原 产 地：原产于美洲。

国内分布：安徽、北京、重庆、福建、广东、广西、贵州、海南、河北、河南、香港、湖北、湖南、江苏、江西、山东、山西、四川、台湾、云南、浙江。

中 文 名：戴维大戟

学　　名：*Euphorbia davidii* Subils

分类地位：Euphorbiaceae/ 大戟科

原 产 地：原产于美国西南部和墨西哥北部，后向北穿过大平原；已引入欧洲和澳大利亚。

国内分布：江苏。

★中文名：齿裂大戟

别　　名：齿叶大戟

学　　名：*Euphorbia dentata* Michx.

分类地位：Euphorbiaceae/ 大戟科

原 产 地：原产于北美洲。

国内分布：安徽、北京、广西、海南、河北、湖北、湖南、江苏、内蒙古、山东、四川、天津、云南、浙江。

中 文 名：禾叶大戟

学　　名：*Euphorbia graminea* Jacq.

分类地位：Euphorbiaceae/ 大戟科

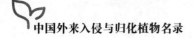

原　产　地：原产于墨西哥北部到哥伦比亚和委内瑞拉。

国内分布：广东、台湾。

中　文　名：泽漆

学　　　名：*Euphorbia helioscopia* L.

分类地位：Euphorbiaceae/大戟科

原　产　地：原产于美洲；已经扩散到欧洲、亚洲、非洲北部、北美洲及大洋洲。

国内分布：黑龙江、吉林、辽宁、内蒙古、北京、河北、山西、陕西、河南、山东、甘肃、宁夏、青海、安徽、江苏、浙江、江西、湖北、湖南、福建、广东、广西、海南、台湾、四川、贵州、云南。

★中文名：白苞猩猩草

别　　　名：柳叶大戟

学　　　名：*Euphorbia heterophylla* L.

分类地位：Euphorbiaceae/大戟科

原　产　地：原产于美洲热带地区。

国内分布：安徽、福建、甘肃、广东、广西、贵州、海南、河北、河南、湖北、湖南、江苏、江西、澳门、青海、陕西、山东、上海、四川、台湾、天津、云南、浙江。

★中文名：飞扬草

别　　　名：乳籽草、飞相草

学　　　名：*Euphorbia hirta* L.

分类地位：Euphorbiaceae/大戟科

原　产　地：原产于美洲热带地区。

国内分布：安徽、北京、重庆、福建、广东、广西、贵州、海南、河北、河南、香港、湖北、湖南、江苏、江西、澳门、四川、台湾、云南、浙江。

★中文名：通奶草

别　　　名：小飞扬草、光叶飞扬、通乳草

学　　　名：*Euphorbia hypericifolia* L.

分类地位：Euphorbiaceae/大戟科

原　产　地：原产于美洲。

国内分布：安徽、北京、重庆、广东、广西、贵州、海南、河北、河南、香港、湖北、湖南、江苏、江西、辽宁、澳门、内蒙古、山东、上海、山西、四川、台湾、天津、云南、浙江。

★中文名：紫斑大戟

学　　　名：*Euphorbia hyssopifolia* L.

分类地位：Euphorbiaceae/大戟科

原　产　地：原产于美国南部到阿根廷和西印度群岛。

国内分布：福建、广东、广西、海南、香港、江西、台湾。

中 文 名：续随子

学　　　名：*Euphorbia lathyris* L.

分类地位：Euphorbiaceae/大戟科

原　产　地：可能原产于欧洲。

国内分布：吉林、辽宁、内蒙古、山西、陕西、甘肃、新疆、山东、江苏、安徽、浙江、江西、福建、河南、湖北、湖南、广西、四川、贵州、云南、西藏。

★中文名：斑地锦

别　　　名：美洲地锦

学　　　名：*Euphorbia maculata* L.

分类地位：Euphorbiaceae/大戟科

原　产　地：原产于北美洲。

国内分布：安徽、北京、四川、福建、广东、广西、贵州、海南、河北、河南、湖北、湖南、江苏、江西、辽宁、陕西、山东、上海、山西、四川、台湾、天津、新疆、浙江。

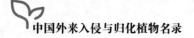

★中文名：银边翠

别　　名：高山积雪

学　　名：*Euphorbia marginata* Pursh

分类地位：Euphorbiaceae/大戟科

原 产 地：原产于北美洲。

国内分布：安徽、北京、重庆、福建、甘肃、广东、广西、贵州、海南、河北、湖北、湖南、江苏、江西、内蒙古、宁夏、青海、陕西、山东、上海、山西、四川、台湾、天津、新疆、云南、浙江。

中 文 名：铁海棠

别　　名：虎刺梅

学　　名：*Euphorbia milii* Des Moul.

分类地位：Euphorbiaceae/大戟科

原 产 地：原产于马达加斯加。

国内分布：安徽、北京、福建、广东、广西、贵州、海南、河南、湖北、湖南、江苏、江西、陕西、山东、山西、四川、台湾、云南、浙江。

★中文名：大地锦

别　　名：美洲地锦草

学　　名：*Euphorbia nutans* Lag.

分类地位：Euphorbiaceae/大戟科

原 产 地：原产于北美洲。

国内分布：安徽、北京、河北、湖北、江苏、辽宁、上海。

★中文名：南欧大戟

别　　名：癣草

学　　名：*Euphorbia peplus* L.

分类地位：Euphorbiaceae/大戟科

原 产 地：原产于欧洲大部分地区、北非和亚洲西部。

国内分布：北京、福建、广东、广西、贵州、海南、江苏、香港、台湾、云南。

★中文名：匍匐大戟

别　　名：铺地草

学　　名：*Euphorbia prostrata* Aiton

分类地位：Euphorbiaceae/ 大戟科

原 产 地：原产于美洲热带地区。

国内分布：安徽、福建、甘肃、广东、广西、海南、河北、香港、湖北、湖南、江苏、江西、澳门、山东、上海、四川、台湾、云南、浙江。

★中文名：一品红

别　　名：圣诞红、圣诞树

学　　名：*Euphorbia pulcherrima* Willd. ex Klotzsch

分类地位：Euphorbiaceae/ 大戟科

原 产 地：原产于墨西哥南部和危地马拉。

国内分布：安徽、北京、福建、广东、广西、贵州、海南、香港、湖北、湖南、江苏、江西、澳门、山东、上海、山西、四川、台湾、天津、云南、浙江。

★中文名：圆叶地锦

别　　名：匍根大戟

学　　名：*Euphorbia serpens* Kunth

分类地位：Euphorbiaceae/ 大戟科

原 产 地：原产于美洲。

国内分布：北京、福建、江苏、青海、上海、台湾、浙江。

★中文名：绿玉树

别　　名：光棍树、绿珊瑚、青珊瑚

学　　名：*Euphorbia tirucalli* L.

分类地位：Euphorbiaceae/ 大戟科

原 产 地：原产于非洲。

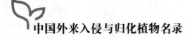

国内分布：安徽、重庆、福建、广东、广西、贵州、海南、香港、湖北、湖南、江苏、江西、澳门、四川、台湾、天津、云南、浙江。

中 文 名：桐油树

别　　名：膏桐、麻疯树、小桐子、柴油树、木花生

学　　名：*Jatropha curcas* L.

分类地位：Euphorbiaceae/大戟科

原 产 地：原产于美洲热带地区。

国内分布：福建、广东、广西、贵州、海南、香港、湖南、澳门、内蒙古、山西、四川、台湾、云南。

中 文 名：棉叶珊瑚花

学　　名：*Jatropha gossypiifolia* L.

分类地位：Euphorbiaceae/大戟科

原 产 地：原产于美洲热带地区。

国内分布：广东、台湾、云南。

中 文 名：红雀珊瑚

学　　名：*Pedilanthus tithymaloides*（L.）Poit.

分类地位：Euphorbiaceae/大戟科

原 产 地：原产于美国佛罗里达州、加勒比海到委内瑞拉。

国内分布：北京、福建、广东、广西、海南、香港、澳门、云南。

★中文名：蓖麻

别　　名：八麻子、巴麻子、红蓖麻、草麻、大麻子

学　　名：*Ricinus communis* L.

分类地位：Euphorbiaceae/大戟科

原 产 地：原产于非洲东北部。

国内分布：安徽、北京、重庆、福建、甘肃、广东、广西、贵州、海南、河北、黑龙江、河南、香港、湖北、湖南、江苏、江西、吉林、辽宁、澳门、

内蒙古、宁夏、青海、陕西、山东、上海、山西、四川、台湾、天津、新疆、西藏、云南、浙江。

🌿 Phyllanthaceae/叶下珠科

中 文 名：苦味叶下珠

别　　名：霸贝菜、月下珠

学　　名：*Phyllanthus amarus* Schumach. & Thonn.

分类地位：Phyllanthaceae/叶下珠科

原 产 地：原产于美洲热带地区。

国内分布：福建、广东、广西、海南、香港、江西、上海、台湾、云南。

中 文 名：锐尖珠子草

学　　名：*Phyllanthus debilis* J. G. Klein ex Willd.

分类地位：Phyllanthaceae/叶下珠科

原 产 地：可能原产于印度和斯里兰卡。

国内分布：福建、广东、海南、江西、台湾。

中 文 名：珠子草

别　　名：月下珠、霸贝菜、小返魂、蛇仔草

学　　名：*Phyllanthus niruri* L.

分类地位：Phyllanthaceae/叶下珠科

原 产 地：原产于美洲。

国内分布：安徽、福建、广东、广西、海南、河北、香港、湖南、江西、澳门、四川、台湾、云南。

★中文名：纤细珠子草

别　　名：五蕊油柑

学　　名：*Phyllanthus tenellus* Roxb.

分类地位：Phyllanthaceae/叶下珠科

原 产 地：原产于马达加斯加。

国内分布：福建、广东、海南、香港、澳门、台湾。

Passifloraceae/ 西番莲科

中 文 名：西番莲

学　　名：*Passiflora caerulea* L.

分类地位：Passifloraceae/西番莲科

原 产 地：原产于南美洲。

国内分布：北京、重庆、福建、广东、广西、贵州、海南、江西、内蒙古、上海、山西、四川、天津、云南、浙江。

中 文 名：鸡蛋果

学　　名：*Passiflora edulis* Sims

分类地位：Passifloraceae/西番莲科

原 产 地：原产于南美洲。

国内分布：重庆、福建、广东、广西、贵州、海南、香港、江苏、澳门、四川、台湾、云南、浙江。

★中文名：龙珠果

别　　名：假苦果、龙须果、龙眼果、龙珠草、毛西番莲、香花果

学　　名：*Passiflora foetida* L.

分类地位：Passifloraceae/西番莲科

原 产 地：原产于美洲热带地区。

国内分布：重庆、广东、广西、贵州、海南、香港、江西、澳门、内蒙古、陕西、台湾、云南。

中 文 名：樟叶西番莲

学　　名：*Passiflora laurifolia* L.

分类地位：Passifloraceae/西番莲科

原 产 地：原产于美洲热带地区。

国内分布：广东（广州）栽培；归化在台湾。

★中文名：桑叶西番莲

学　　名：*Passiflora morifolia* Mast.

分类地位：Passifloraceae/西番莲科

原 产 地：原产于美洲热带地区。

国内分布：云南。

中 文 名：大果西番莲

学　　名：*Passiflora quadrangularis* L.

分类地位：Passifloraceae/西番莲科

原 产 地：原产于美洲热带地区。

国内分布：福建、广东、广西、海南、河北、台湾、云南。

★中文名：三角叶西番莲

别　　名：革叶香莲、姬西番莲、南美西番莲、栓皮西番莲、栓木藤西番莲

学　　名：*Passiflora suberosa* L.

分类地位：Passifloraceae/西番莲科

原 产 地：原产于美洲热带地区。

国内分布：福建、广东、广西、香港、台湾、云南。

中 文 名：黄时钟花

学　　名：*Turnera ulmifolia* L.

分类地位：Passifloraceae/西番莲科

原 产 地：原产于墨西哥和西印度群岛。

国内分布：福建、广东、云南。

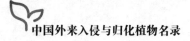 Salicaceae/ 杨柳科

中 文 名：爆竹柳

学　　名：*Salix fragilis* L.

分类地位：Salicaceae/杨柳科

原 产 地：原产于欧洲中部。

国内分布：黑龙江、辽宁、内蒙古、山西、新疆。

Violaceae/ 堇菜科

中 文 名：野生堇菜

学　　名：*Viola arvensis* Murray

分类地位：Violaceae/堇菜科

原 产 地：原产于北非、亚洲西南部和欧洲。

国内分布：黑龙江、台湾。

Geraniaceae/ 牻牛儿苗科

中 文 名：麝香牻牛儿苗

学　　名：*Erodium moschatum*（L.）L' Hér.

分类地位：Geraniaceae/牻牛儿苗科

原 产 地：原产于亚洲温带地区、欧洲和非洲。

国内分布：江苏、台湾。

★中文名：野老鹳草

别　　名：老鹳草

学　　名：*Geranium carolinianum* L.

分类地位：Geraniaceae/牻牛儿苗科

原 产 地：原产于北美洲。

国内分布：安徽、北京、重庆、福建、广东、广西、贵州、河北、河南、湖北、湖南、江苏、江西、陕西、山东、上海、山西、四川、台湾、天津、西藏、云南、浙江。

中 文 名：刻叶老鹳草

学　　名：*Geranium dissectum* L.

分类地位：Geraniaceae/牻牛儿苗科

原 产 地：原产于非洲、高加索、亚洲西部和欧洲。

国内分布：北京、河南、江苏、上海。

中 文 名：软毛老鹳草

学　　名：*Geranium molle* L.

分类地位：Geraniaceae/牻牛儿苗科

原 产 地：原产于阿富汗、非洲北部、高加索、亚洲西部、欧洲、克什米尔地区和俄罗斯。

国内分布：台湾。

Lythraceae/ 千屈菜科

★中文名：长叶水苋菜

别　　名：红花水苋

学　　名：*Ammannia coccinea* Rottb.

分类地位：Lythraceae/千屈菜科

原 产 地：原产于北美洲。

国内分布：安徽、北京、河北、山东、台湾、浙江。

★中文名：香膏萼距花

别　　名：克非亚草

学　　名：*Cuphea carthagenensis*（Jacq.）J. F. Macbr.

分类地位：Lythraceae/千屈菜科

原 产 地：原产于美洲热带地区。

国内分布：福建、广东、广西、海南、湖南、江西、澳门、山西、台湾、西藏。

中 文 名：细叶萼距花

学　　名：*Cuphea hyssopifolia* Kunth

分类地位：Lythraceae/千屈菜科

原 产 地：原产于墨西哥到危地马拉。

国内分布：重庆、福建、广东、广西、海南、湖南、江苏、江西、四川、云南、浙江。

★中文名：美洲节节菜

别　　名：北美水苋

学　　名：*Rotala ramosior*（L.）Koehne

分类地位：Lythraceae/千屈菜科

原 产 地：原产于北美洲。

国内分布：海南、台湾。

★中文名：无瓣海桑

别　　名：剪刀树、孟加拉海桑

学　　名：*Sonneratia apetala* Buch. -Ham.

分类地位：Lythraceae/千屈菜科

原 产 地：原产于孟加拉国、印度、缅甸和斯里兰卡。

国内分布：福建、广东、广西、海南、香港、澳门。

Onagraceae/柳叶菜科

中 文 名：克拉花
别　　名：极美古代稀
学　　名：*Clarkia pulchella* Pursh
分类地位：Onagraceae/柳叶菜科
原 产 地：原产于北美洲。
国内分布：广西、西藏、浙江。

中 文 名：倒挂金钟
学　　名：*Fuchsia hybrida* Hort. ex Siebert & Voss
分类地位：Onagraceae/柳叶菜科
原 产 地：原产于墨西哥、智利南部和阿根廷。
国内分布：安徽、北京、重庆、甘肃、广西、河北、河南、江苏、辽宁、
青海、陕西、上海、山西、四川、天津、云南、浙江。

中 文 名：阔果山桃草
学　　名：*Gaura biennis* L.
分类地位：Onagraceae/柳叶菜科
原 产 地：原产于北美洲。
国内分布：江西、云南（昆明）。

★中文名：山桃草
别　　名：白蝶花、白桃花、紫叶千鸟花
学　　名：*Gaura lindheimeri* Engelm. & A. Gray
分类地位：Onagraceae/柳叶菜科
原 产 地：原产于北美洲。
国内分布：安徽、北京、重庆、河北、河南、香港、湖北、江苏、江西、
辽宁、陕西、山东、上海、四川、云南、浙江。

★中文名：小花山桃草

别　　名：光果小花山桃草

学　　名：*Gaura parviflora* Douglas ex Lehm.

分类地位：Onagraceae/柳叶菜科

原　产　地：原产于北美洲东部和中部。

国内分布：安徽、北京、福建、海南、河北、河南、湖北、江苏、辽宁、山东、上海、浙江。

★中文名：翼茎水丁香

别　　名：翼茎水龙

学　　名：*Ludwigia decurrens* Walter

分类地位：Onagraceae/柳叶菜科

原　产　地：原产于美国东部和中部、西印度群岛和墨西哥。

国内分布：台湾。

中　文　名：美洲水丁香

学　　名：*Ludwigia erecta*（L.）H. Hara

分类地位：Onagraceae/柳叶菜科

原　产　地：原产于美洲热带地区。

国内分布：台湾。

中　文　名：具腺丁香蓼

学　　名：*Ludwigia glandulosa* Walter

分类地位：Onagraceae/柳叶菜科

原　产　地：原产于北美洲。

国内分布：江苏。

★中文名：细柄草龙

别　　名：细果草龙

学　　名：*Ludwigia leptocarpa*（Nutt.）H. Hara

分类地位：Onagraceae/柳叶菜科

原 产 地：原产于美洲热带地区、美国部分地区，还可能原产于澳大利亚。

国内分布：江苏、上海、浙江。

中 文 名：沼生水丁香

学　　名：*Ludwigia palustris*（L.）Eliott

分类地位：Onagraceae/柳叶菜科

原 产 地：原产于北非和南非部分地区、欧洲大部分地区、西亚、哥斯达黎加、危地马拉、加勒比、北美和南美洲。

国内分布：台湾。

中 文 名：匍匐丁香蓼

学　　名：*Ludwigia repens* J. R. Forst.

分类地位：Onagraceae/柳叶菜科

原 产 地：原产于北美洲。

国内分布：浙江。

★中文名：月见草

别　　名：夜来香

学　　名：*Oenothera biennis* L.

分类地位：Onagraceae/柳叶菜科

原 产 地：原产于北美洲东部。

国内分布：安徽、北京、重庆、福建、广东、广西、贵州、河北、黑龙江、河南、湖北、湖南、江苏、江西、吉林、辽宁、内蒙古、陕西、山东、上海、四川、台湾、天津、云南、浙江。

★中文名：海滨月见草

别　　名：海边月见草、海芙蓉

学　　名：*Oenothera drummondii* Hook.

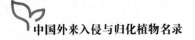

分类地位：Onagraceae/柳叶菜科

原　产　地：原产于墨西哥北部和美国东南部。

国内分布：福建、广东、海南、香港、江西、山东。

★中文名：黄花月见草

别　　名：红萼月见草、月见草

学　　名：*Oenothera glazioviana* Micheli

分类地位：Onagraceae/柳叶菜科

原　产　地：由欧洲花园中两个栽培或归化物种杂交而来；早在1860年被引入园艺行业；广泛归化。

国内分布：安徽、北京、重庆、福建、甘肃、广东、广西、贵州、河北、黑龙江、河南、湖北、湖南、江苏、江西、吉林、辽宁、内蒙古、陕西、山东、上海、山西、四川、台湾、天津、云南、浙江。

★中文名：裂叶月见草

别　　名：羽裂月见草

学　　名：*Oenothera laciniata* Hill

分类地位：Onagraceae/柳叶菜科

原　产　地：原产于北美洲东部。

国内分布：安徽、福建、甘肃、广东、河南、湖南、江苏、江西、上海、四川、台湾、浙江。

★中文名：曲序月见草

学　　名：*Oenothera oakesiana*（A. Gray）J. W. Robbins ex S. Watson & J. M. Coult.

分类地位：Onagraceae/柳叶菜科

原　产　地：原产于北美洲东部。

国内分布：福建、湖南、江西。

★中文名：小花月见草

学　　名：*Oenothera parviflora* L.

分类地位：Onagraceae/柳叶菜科

原 产 地：原产于北美洲东部。

国内分布：北京、福建、河北、辽宁、云南。

★中文名：粉花月见草

别　　名：红花山芝麻、粉花柳叶菜、红花月见草

学　　名：*Oenothera rosea* L' Hér. ex Aiton

分类地位：Onagraceae/柳叶菜科

原 产 地：原产于北美洲南部。

国内分布：福建、广西、贵州、河北、湖北、江苏、江西、四川、上海、云南、浙江。

★中文名：美丽月见草

别　　名：红衣丁香、艳红夜来香、粉晚樱草、丽姿月见

学　　名：*Oenothera speciosa* Nutt.

分类地位：Onagraceae/柳叶菜科

原 产 地：原产于北美洲。

国内分布：安徽、山东、上海、浙江。

★中文名：待宵草

别　　名：月见草、夜来香

学　　名：*Oenothera stricta* Ledeb. ex Link

分类地位：Onagraceae/柳叶菜科

原 产 地：原产于南美洲。

国内分布：北京、重庆、福建、甘肃、广东、广西、贵州、河北、黑龙江、湖北、湖南、江苏、江西、吉林、辽宁、陕西、山东、四川、台湾、天津、云南、浙江。

★中文名：四翅月见草

别　　名：椎果月见草

学　　名：*Oenothera tetraptera* Cav.

分类地位：Onagraceae/柳叶菜科

原 产 地：原产于北美洲南部。

国内分布：北京、福建、广西、贵州、湖南、上海、四川、台湾、云南。

★中文名：长毛月见草

学　　名：*Oenothera villosa* Thunb.

分类地位：Onagraceae/柳叶菜科

原 产 地：原产于北美洲。

国内分布：北京、河北、黑龙江、吉林、辽宁、天津、云南。

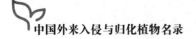 Myrtaceae/桃金娘科

中 文 名：窿缘桉

别　　名：小叶桉、风吹柳

学　　名：*Eucalyptus exserta* F. Muell.

分类地位：Myrtaceae/桃金娘科

原 产 地：原产于澳大利亚东北部。

国内分布：重庆、福建、广东、广西、贵州、海南、香港、湖南、江西、四川、云南、浙江。

中 文 名：蓝桉

别　　名：一口盅

学　　名：*Eucalyptus globulus* Labill.

分类地位：Myrtaceae/桃金娘科

原 产 地：原产于澳大利亚东南部和塔斯马尼亚。

国内分布：重庆、甘肃、广东、广西、贵州、湖南、江西、四川、台湾、云南、浙江。

中 文 名：直杆蓝桉

别　　名：直杆桉、柳叶桉、马氏桉

学　　名：*Eucalyptus globulus* subsp. *maidenii*（F. Muell.）J. B. Kirkp.

分类地位：Myrtaceae/桃金娘科

原 产 地：原产于澳大利亚东南部。

国内分布：广西、江西、四川、云南。

中 文 名：番石榴

别　　名：芭乐、鸡屎果、拔子、喇叭番石榴

学　　名：*Psidium guajava* L.

分类地位：Myrtaceae/桃金娘科

原 产 地：可能原产于马来西亚西部和东南亚。

国内分布：重庆、福建、广东、广西、贵州、海南、香港、澳门、青海、四川、台湾、云南、浙江。

Melastomataceae/ 野牡丹科

★中文名：毛野牡丹

别　　名：毛野牡丹藤

学　　名：*Clidemia hirta*（L.）D. Don

分类地位：Melastomataceae/野牡丹科

原 产 地：原产于美洲热带地区；被引入澳大利亚、南亚和非洲东部。

国内分布：台湾。

Anacardiaceae/ 漆树科

★中文名：火炬树

别　　名：鹿角漆树

学　　名：*Rhus typhina* L.

分类地位：Anacardiaceae/漆树科

原 产 地：原产于北美洲。

国内分布：安徽、北京、甘肃、河北、河南、湖北、江苏、吉林、辽宁、内蒙古、宁夏、青海、陕西、山东、山西、天津、云南。

中 文 名：巴西胡椒木

学　　名：*Schinus terebinthifolia* Raddi

分类地位：Anacardiaceae/漆树科

原 产 地：原产于南美洲。

国内分布：广东、台湾。

Sapindaceae/无患子科

中 文 名：复叶枫

学　　名：*Acer negundo* L.

分类地位：Sapindaceae/无患子科

原 产 地：原产于北美洲。

国内分布：安徽、北京、重庆、甘肃、广东、贵州、河北、黑龙江、河南、湖北、湖南、江苏、江西、吉林、辽宁、内蒙古、宁夏、青海、陕西、山东、上海、山西、四川、台湾、天津、云南、浙江。

中 文 名：大花倒地铃

学　　名：*Cardiospermum grandiflorum* Sw.

分类地位：Sapindaceae/无患子科

原 产 地：原产于美洲热带地区。

国内分布：台湾。

Meliaceae/楝科

中 文 名：桃花心木

学　　名：*Swietenia mahagoni*（L.）Jacquin

分类地位：Meliaceae/楝科

原 产 地：原产于美洲热带地区。

国内分布：福建、广东、广西、海南、台湾、云南。

Muntingiaceae/文定果科

中 文 名：文定果

学　　名：*Muntingia calabura* L.

分类地位：Muntingiaceae/文定果科

原 产 地：原产于墨西哥南部、加勒比海、南美洲西部，南至秘鲁和玻利维亚。

国内分布：福建、广东、海南、香港、台湾、云南。

Malvaceae/锦葵科

中 文 名：咖啡黄葵

学　　名：*Abelmoschus esculentus*（L.）Moench

分类地位：Malvaceae/锦葵科

原 产 地：原产于印度。

国内分布：重庆、福建、广东、广西、海南、河北、香港、湖北、湖南、江苏、江西、澳门、陕西、山东、上海、四川、天津、云南、浙江。

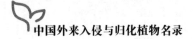

中 文 名：大叶苘麻

学　　名：*Abutilon grandifolium*（Willd.）Sweet

分类地位：Malvaceae/锦葵科

原 产 地：原产于南美洲。

国内分布：台湾。

中 文 名：疏花苘麻

学　　名：*Abutilon hulseanum*（Torr. & A. Gray）Torr. ex A. Gray

分类地位：Malvaceae/锦葵科

原 产 地：原产于美洲热带地区。

国内分布：江苏、台湾。

中 文 名：索诺拉苘麻

学　　名：*Abutilon sonorae* A. Gray

分类地位：Malvaceae/锦葵科

原 产 地：原产于美国和墨西哥。

国内分布：江苏。

★中文名：苘麻

别　　名：青麻、白麻

学　　名：*Abutilon theophrasti* Medik.

分类地位：Malvaceae/锦葵科

原 产 地：原产于印度。

国内分布：安徽、北京、重庆、福建、甘肃、广东、广西、贵州、海南、河北、黑龙江、河南、香港、湖北、湖南、江苏、江西、吉林、辽宁、内蒙古、宁夏、陕西、山西、四川、台湾、天津、新疆、云南、浙江。

中 文 名：冠萼蔓锦葵

学　　名：*Anoda cristata*（L.）Schltdl.

分类地位：Malvaceae/锦葵科

原 产 地：原产于美洲。

国内分布：江苏、台湾。

★中文名：长蒴黄麻

别　　名：麻叶菜、埃及野麻婴、帝王菜、埃及帝王菜、菜用黄麻

学　　名：*Corchorus olitorius* L.

分类地位：Malvaceae/锦葵科

原 产 地：原产于印度和巴基斯坦。

国内分布：安徽、福建、广东、广西、贵州、海南、河北、湖南、江苏、江西、陕西、四川、台湾、云南。

★中文名：泡果苘

别　　名：青麻、白麻

学　　名：*Herissantia crispa*（L.）Brizicky

分类地位：Malvaceae/锦葵科

原 产 地：原产于美洲热带地区。

国内分布：福建、广东、海南、台湾。

中 文 名：糙叶木槿

学　　名：*Hibiscus asper* Hook. f.

分类地位：Malvaceae/锦葵科

原 产 地：原产于非洲热带地区。

国内分布：台湾。

中 文 名：大麻槿

学　　名：*Hibiscus cannabinus* L.

分类地位：Malvaceae/锦葵科

原 产 地：原产于非洲和印度。

国内分布：广东、广西、海南、河北、黑龙江、河南、江苏、江西、辽宁、四川、台湾、新疆、云南、浙江。

中 文 名：提琴叶槿

学　　名：*Hibiscus panduriformis* Burm. f.

分类地位：Malvaceae/锦葵科

原 产 地：原产于非洲热带地区、亚洲热带地区和澳大利亚。

国内分布：台湾。

★中文名：野西瓜苗

别　　名：香铃草、灯笼花、小秋葵、火炮草

学　　名：*Hibiscus trionum* L.

分类地位：Malvaceae/锦葵科

原 产 地：原产于非洲、欧亚大陆，也可能原产于新西兰和澳大利亚的部分地区。

国内分布：安徽、北京、重庆、福建、甘肃、广东、广西、贵州、海南、河北、黑龙江、河南、湖北、湖南、江苏、江西、吉林、辽宁、内蒙古、宁夏、青海、陕西、山东、上海、山西、四川、台湾、天津、新疆、西藏、云南、浙江。

中 文 名：旋葵

学　　名：*Malachra capitata*（L.）L.

分类地位：Malvaceae/锦葵科

原 产 地：原产于美洲热带地区。

国内分布：台湾。

中 文 名：穗花赛葵

学　　名：*Malvastrum americanum*（L.）Torr.

分类地位：Malvaceae/锦葵科

原 产 地：原产于美洲热带和亚热带地区。

国内分布：安徽、福建、广西、江苏、上海、台湾。

★中文名：赛葵

别　　名：黄花草、黄花棉

学　　名：*Malvastrum coromandelianum*（L.）Garcke

分类地位：Malvaceae/锦葵科

原 产 地：原产于美洲。

国内分布：北京、福建、广东、广西、贵州、海南、河北、香港、湖南、江西、澳门、上海、四川、台湾、云南、浙江。

中 文 名：刺果锦葵

学　　名：*Modiola caroliniana*（L.）G. Don

分类地位：Malvaceae/锦葵科

原 产 地：可能原产于南美洲。

国内分布：台湾。

★中文名：黄花稔

别　　名：扫把麻

学　　名：*Sida acuta* Burm. f.

分类地位：Malvaceae/锦葵科

原 产 地：原产于美洲热带地区。

国内分布：安徽、北京、福建、广东、广西、贵州、海南、香港、湖北、湖南、江苏、江西、澳门、山东、四川、台湾、云南、浙江。

中 文 名：长梗黄花稔

学　　名：*Sida cordata*（Burm. f.）Borss. Waalk.

分类地位：Malvaceae/锦葵科

原 产 地：可能原产于印度。

国内分布：福建、广东、广西、海南、香港、湖南、江西、澳门、台湾、云南。

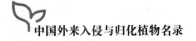

中 文 名：条叶黄花稔

学　　名：*Sida linifolia* Juss. ex Cav.

分类地位：Malvaceae/锦葵科

原 产 地：原产于南美洲。

国内分布：江苏。

★中文名：刺黄花稔

学　　名：*Sida spinosa* L.

分类地位：Malvaceae/锦葵科

原 产 地：原产于北美洲南部到南美洲北部。

国内分布：广东、江苏、山东、辽宁、台湾、天津、浙江。

中 文 名：小花沙稔

学　　名：*Sidastrum micranthum*（A. St. -Hil.）Fryxell

分类地位：Malvaceae/锦葵科

原 产 地：原产于南美洲。

国内分布：广东。

中 文 名：灰毛球葵

学　　名：*Sphaeralcea incana* Torr. ex A. Gray

分类地位：Malvaceae/锦葵科

原 产 地：原产于美国西南部和墨西哥北部。

国内分布：江苏。

中 文 名：刺蒴麻

学　　名：*Triumfetta rhomboidea* Jacq.

分类地位：Malvaceae/锦葵科

原 产 地：可能原产于美洲热带地区。

国内分布：福建、广东、广西、海南、香港、湖南、辽宁、澳门、山东、四川、台湾、西藏、云南。

★中文名：蛇婆子

别　　名：草梧桐、和他草

学　　名：*Waltheria indica* L.

分类地位：Malvaceae/锦葵科

原 产 地：原产于美洲热带地区。

国内分布：安徽、福建、广东、广西、海南、香港、湖南、澳门、台湾、云南。

❀ Caricaceae/ 番木瓜科

中 文 名：番木瓜

别　　名：木瓜

学　　名：*Carica papaya* L.

分类地位：Caricaceae/番木瓜科

原 产 地：原产于美洲热带地区。

国内分布：北京、福建、广东、广西、贵州、海南、上海、台湾、云南。

❀ Resedaceae/ 木樨草科

★中文名：黄木犀草

别　　名：细叶木犀草

学　　名：*Reseda lutea* L.

分类地位：Resedaceae/木樨草科

原 产 地：原产于亚洲西南部和地中海地区。

国内分布：江苏、吉林、辽宁、内蒙古、上海、台湾。

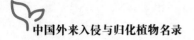 Cleomaceae / 白花菜科

中 文 名：臭矢菜
别　　名：黄花草、向天黄
学　　名：*Arivela viscosa*（L.）Raf.
分类地位：Cleomaceae/ 白花菜科
原 产 地：原产于旧热带地区。
国内分布：河南、安徽、浙江、江西、湖南、湖北、福建、台湾、广东、海南、广西、云南、香港。

中 文 名：印度白花菜
学　　名：*Cleome burmannii* Wight & Arn.
分类地位：Cleomaceae/ 白花菜科
原 产 地：原产于印度、印度尼西亚和斯里兰卡。
国内分布：海南。

★中文名：皱子白花菜
别　　名：平伏茎白花菜、成功白花菜
学　　名：*Cleome rutidosperma* DC.
分类地位：Cleomaceae/ 白花菜科
原 产 地：原产于非洲热带地区。
国内分布：安徽、广东、广西、海南、香港、江西、台湾、云南。

中 文 名：西洋白花菜
学　　名：*Cleoserrata speciosa*（Raf.）Iltis
分类地位：Cleomaceae/ 白花菜科
原 产 地：原产于美洲热带地区。
国内分布：重庆、福建、甘肃、广东、海南、河北、河南、香港、湖北、江西、山西、上海、四川、台湾、云南、浙江。

中 文 名：醉蝶花

学　　名：*Tarenaya hassleriana*（Chodat）Iltis

分类地位：Cleomaceae/白花菜科

原 产 地：原产于南美洲。

国内分布：安徽、北京、重庆、福建、甘肃、广东、广西、贵州、海南、河北、黑龙江、河南、香港、湖北、湖南、江苏、江西、吉林、辽宁、内蒙古、陕西、山东、上海、山西、四川、台湾、天津、云南、浙江。

Brassicaceae/ 十字花科

中 文 名：欧洲庭芥

学　　名：*Alyssum alyssoides*（L.）L.

分类地位：Brassicaceae/十字花科

原 产 地：原产于非洲北部、高加索、亚洲中部、亚洲西部和欧洲。

国内分布：辽宁。

中 文 名：辣根

学　　名：*Armoracia rusticana* G. Gaertn.，B. Mey. & Scherb.

分类地位：Brassicaceae/十字花科

原 产 地：原产于欧洲东南部。

国内分布：北京、河北、黑龙江、江苏、吉林、辽宁、上海、云南。

★中文名：臭荠

别　　名：臭滨芥、臭菜

学　　名：*Coronopus didymus* L.

分类地位：Brassicaceae/十字花科

原 产 地：原产于南美洲。

国内分布：安徽、北京、四川、福建、甘肃、广东、河南、香港、湖北、湖南、江苏、江西、辽宁、澳门、山东、上海、四川、台湾、西藏、云南、浙江。

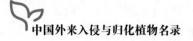

中 文 名：单叶臭荠
学　　名：*Coronopus integrifolius*（DC.）Spreng.
分类地位：Brassicaceae/十字花科
原 产 地：原产于非洲。
国内分布：广东、台湾。

中 文 名：二行芥
学　　名：*Diplotaxis muralis*（L.）DC.
分类地位：Brassicaceae/十字花科
原 产 地：原产于欧洲。
国内分布：辽宁。

中 文 名：芝麻菜
学　　名：*Eruca vesicaria* subsp. *sativa*（Mill.）Thell.
分类地位：Brassicaceae/十字花科
原 产 地：原产于地中海地区、摩洛哥、阿尔及利亚、西班牙和葡萄牙。
国内分布：北京、重庆、甘肃、广东、广西、河北、黑龙江、河南、江苏、
辽宁、内蒙古、宁夏、青海、山西、上海、山西、四川、天津、新疆、浙江。

中 文 名：粗梗糖芥
学　　名：*Erysimum repandum* L.
分类地位：Brassicaceae/十字花科
原 产 地：原产于欧亚大陆和北非。
国内分布：辽宁、山西、四川、新疆。

中 文 名：山葵
学　　名：*Eutrema japonicum*（Miq.）Koidz.
分类地位：Brassicaceae/十字花科
原 产 地：原产于日本和西伯利亚东部。
国内分布：台湾。

中 文 名：块茎山萮菜

学　　名：*Eutrema wasabi*（Siebold）Maxim.

分类地位：Brassicaceae/十字花科

原 产 地：原产于日本、朝鲜和俄罗斯。

国内分布：河南、四川、台湾。

中 文 名：南美独行菜

学　　名：*Lepidium bonariense* L.

分类地位：Brassicaceae/十字花科

原 产 地：原产于南美洲。

国内分布：福建、台湾。

★中文名：绿独行菜

别　　名：荒野独行菜

学　　名：*Lepidium campestre*（L.）W. T. Aiton

分类地位：Brassicaceae/十字花科

原 产 地：原产于欧洲。

国内分布：甘肃、贵州、河北、黑龙江、吉林、辽宁、内蒙古、陕西、山东、上海、四川。

★中文名：密花独行菜

别　　名：琴叶独行菜

学　　名：*Lepidium densiflorum* Schrad.

分类地位：Brassicaceae/十字花科

原 产 地：原产于北美洲。

国内分布：安徽、北京、福建、甘肃、广西、贵州、河北、黑龙江、河南、湖北、湖南、江西、吉林、辽宁、内蒙古、山东、云南。

中 文 名：报茎独行菜

学　　名：*Lepidium perfoliatum* L.

分类地位：Brassicaceae/十字花科

原 产 地：原产于西亚、北非、欧洲。

国内分布：辽宁、新疆。

中 文 名：家独行菜

学 名：*Lepidium sativum* L.

分类地位：Brassicaceae/十字花科

原 产 地：可能原产于埃及和亚洲西部。

国内分布：广西、黑龙江、江苏、吉林、辽宁、内蒙古、山东、上海、新疆、西藏、云南、浙江。

★中文名：北美独行菜

别 名：独行菜、星星菜、辣椒菜

学 名：*Lepidium virginicum* L.

分类地位：Brassicaceae/十字花科

原 产 地：原产于北美洲，包括美国大部分地区、墨西哥和加拿大南部。

国内分布：安徽、北京、重庆、福建、甘肃、广东、广西、贵州、海南、河北、黑龙江、河南、香港、湖北、湖南、江苏、江西、吉林、辽宁、澳门、内蒙古、宁夏、青海、陕西、山东、上海、山西、四川、台湾、新疆、西藏、云南、浙江。

中 文 名：香雪球

学 名：*Lobularia maritima*（L.）Desvaux

分类地位：Brassicaceae/十字花科

原 产 地：原产于地中海地区。

国内分布：重庆、福建、甘肃、广东、河北、河南、江苏、陕西、山东、上海、山西、台湾、天津、新疆、浙江。

★中文名：豆瓣菜

别 名：水田芥、西洋菜、水蔊菜、水生菜

学　　名：*Nasturtium officinale* W. T. Aiton

分类地位：Brassicaceae/十字花科

原 产 地：原产于亚洲西南部和欧洲。

国内分布：安徽、北京、重庆、广东、广西、贵州、河北、黑龙江、河南、香港、湖北、江苏、江西、吉林、澳门、陕西、山东、上海、山西、四川、台湾、新疆、西藏、云南。

★中文名：野萝卜

学　　名：*Raphanus raphanistrum* L.

分类地位：Brassicaceae/十字花科

原 产 地：原产于亚洲西南部、欧洲和地中海地区。

国内分布：甘肃、广东、江苏、辽宁、青海、山西、四川、台湾。

中 文 名：皱果荠

学　　名：*Rapistrum rugosum*（L.）All.

分类地位：Brassicaceae/十字花科

原 产 地：原产于马卡罗尼西亚群岛、北非、欧洲和亚洲。

国内分布：北京、江苏、台湾。

中 文 名：奥地利葶苈

学　　名：*Rorippa austriaca*（Crantz）Besser

分类地位：Brassicaceae/十字花科

原 产 地：原产于欧洲和亚洲西部。

国内分布：台湾。

中 文 名：白芥

别　　名：胡芥

学　　名：*Sinapis alba* L.

分类地位：Brassicaceae/十字花科

原 产 地：原产于地中海地区和克里米亚半岛。

国内分布：安徽、北京、重庆、甘肃、广西、河北、辽宁、青海、陕西、山东、山西、四川、天津、新疆、浙江。

中 文 名：大蒜芥
学　　名：*Sisymbrium altissimum* L.
分类地位：Brassicaceae/十字花科
原 产 地：原产于欧洲和北非的地中海盆地。
国内分布：广东、河北、黑龙江、湖北、辽宁、内蒙古、新疆、西藏。

中 文 名：钻果大蒜芥
学　　名：*Sisymbrium officinale*（L.）Scop.
分类地位：Brassicaceae/十字花科
原 产 地：原产于欧洲和非洲北部。
国内分布：广西、黑龙江、湖北、江苏、吉林、辽宁、内蒙古、西藏。

中 文 名：西亚大蒜芥
别　　名：东方大蒜芥
学　　名：*Sisymbrium orientale* L.
分类地位：Brassicaceae/十字花科
原 产 地：原产地不详，可能原产于非洲北部，马德拉群岛、加那利群岛，欧洲和亚洲。
国内分布：福建、江苏、山西、云南。

Plumbaginaceae/ 白花丹科

中 文 名：海石竹
学　　名：*Armeria maritima*（Mill.）Willd.
分类地位：Plumbaginaceae/白花丹科

原 产 地：原产于蒙古国、俄罗斯远东地区、亚洲西部、欧洲和美洲。

国内分布：江苏、台湾。

Polygonaceae/ 蓼科

★中文名：珊瑚藤

别　　名：秋海棠、凤冠、紫苞藤、红珊瑚、假菩提

学　　名：*Antigonon leptopus* Hook. & Arn.

分类地位：Polygonaceae/蓼科

原 产 地：原产于墨西哥。

国内分布：安徽、福建、广东、广西、海南、香港、江苏、澳门、台湾、云南。

中 文 名：竹节蓼

学　　名：*Homalocladium platycladum*（F. Muell.）L. H. Bailey

分类地位：Polygonaceae/蓼科

原 产 地：原产于所罗门群岛。

国内分布：安徽、福建、广东、广西、海南、澳门、上海、天津、浙江。

中 文 名：铁马鞭

学　　名：*Polygonum plebeium* R. Br.

分类地位：Polygonaceae/蓼科

原 产 地：原产于印度、马达加斯加、巴基斯坦和斯里兰卡。

国内分布：安徽、福建、甘肃、广东、广西、贵州、海南、河北、黑龙江、河南、湖北、湖南、江苏、江西、吉林、辽宁、内蒙古、宁夏、青海、陕西、山东、山西、四川、台湾、西藏、云南、浙江。

Ⓖ Droseraceae/茅膏菜科

中　文　名：线叶茅膏菜
学　　　名：*Drosera anglica* Huds.
分类地位：Droseraceae/茅膏菜科
原　产　地：原产于亚北极、北半球温带地区和夏威夷群岛。
国内分布：福建、吉林。

Ⓖ Caryophyllaceae/石竹科

★中文名：麦仙翁
别　　名：麦毒草
学　　　名：*Agrostemma githago* L.
分类地位：Caryophyllaceae/石竹科
原　产　地：可能原产于地中海地区。
国内分布：北京、贵州、黑龙江、湖南、江西、吉林、辽宁、内蒙古、陕西、山东、上海、新疆、浙江。

★中文名：球序卷耳
别　　名：圆序卷耳、粘毛卷耳、婆婆指甲菜
学　　　名：*Cerastium glomeratum* Thuill.
分类地位：Caryophyllaceae/石竹科
原　产　地：原产于非洲北部；在大洋洲、美洲和亚洲归化。
国内分布：安徽、北京、重庆、福建、广东、广西、贵州、河南、湖北、湖南、江苏、江西、辽宁、山东、上海、四川、台湾、西藏、云南、浙江。

中　文　名：互叶指甲草
学　　　名：*Corrigiola litoralis* L.

分类地位：Caryophyllaceae/石竹科

原 产 地：原产于欧洲和非洲。

国内分布：江西。

中 文 名：荷莲豆草

学　　名：*Drymaria cordata*（L.）Willd. Ex Schult.

分类地位：Caryophyllaceae/石竹科

原 产 地：原产于美洲热带地区。

国内分布：福建、广东、广西、贵州、海南、湖南、四川、台湾、西藏、云南、浙江。

中 文 名：毛荷莲豆草

学　　名：*Drymaria villosa* Schltdl. & Cham.

分类地位：Caryophyllaceae/石竹科

原 产 地：原产于美洲热带地区。

国内分布：台湾、西藏。

中 文 名：四叶多荚草

学　　名：*Polycarpon tetraphyllum*（L.）L.

分类地位：Caryophyllaceae/石竹科

原 产 地：原产于欧洲。

国内分布：台湾。

中 文 名：仰卧漆姑草

学　　名：*Sagina procumbens* L.

分类地位：Caryophyllaceae/石竹科

原 产 地：原产于西伯利亚和北美洲。

国内分布：福建、贵州、台湾、新疆、西藏。

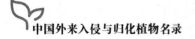

中 文 名：肥皂草

别　　名：草桃、草桂、石碱花

学　　名：*Saponaria officinalis* L.

分类地位：Caryophyllaceae/ 石竹科

原 产 地：原产于亚洲西部和欧洲。

国内分布：北京、重庆、甘肃、广东、广西、河北、黑龙江、河南、湖北、江苏、江西、吉林、辽宁、青海、陕西、山东、山西、天津、新疆、西藏、浙江。

★中文名：蝇子草

别　　名：西欧蝇子草、白花蝇子草、匙叶麦瓶草

学　　名：*Silene gallica* L.

分类地位：Caryophyllaceae/ 石竹科

原 产 地：原产于欧洲、亚洲西部和非洲北部。

国内分布：重庆、福建、河北、河南、湖北、江苏、江西、陕西、四川、台湾、西藏、云南、浙江。

中 文 名：白花蝇子草

学　　名：*Silene latifolia* subsp. *alba*（Mill.）Greuter & Burdet

分类地位：Caryophyllaceae/ 石竹科

原 产 地：原产于欧洲大部分地区。

国内分布：甘肃、广西、黑龙江、吉林、辽宁、内蒙古、新疆。

中 文 名：大爪草

学　　名：*Spergula arvensis* L.

分类地位：Caryophyllaceae/ 石竹科

原 产 地：原产于欧洲。

国内分布：重庆、福建、广西、贵州、黑龙江、湖南、江苏、山东、四川、台湾、新疆、西藏、云南、浙江。

★中文名：无瓣繁缕

别　　名：小繁缕

学　　名：*Stellaria pallida*（Dumort.）Crép.

分类地位：Caryophyllaceae/石竹科

原 产 地：原产于欧洲。

国内分布：安徽、北京、广东、河南、湖北、湖南、江苏、江西、山东、上海、山西、四川、新疆、云南、浙江。

中 文 名：王不留行

别　　名：麦蓝子

学　　名：*Vaccaria hispanica*（Mill.）Rauschert

分类地位：Caryophyllaceae/石竹科

原 产 地：原产于欧洲至西亚。

国内分布：内蒙古、河北、北京、山西、山东、河南、陕西、宁夏、甘肃、青海、新疆、安徽、江苏、江西、湖南、湖北、重庆、贵州、广西、云南、西藏。

Amaranthaceae/ 苋科

中 文 名：锦绣苋

别　　名：五色草、红草、红节节草、模样苋、红莲子草、三色苋

学　　名：*Alternanthera bettzickiana*（Regel）G. Nicholson

分类地位：Amaranthaceae/苋科

原 产 地：原产于南美洲。

国内分布：北京、福建、广东、广西、海南、河北、黑龙江、河南、香港、湖南、江苏、江西、澳门、上海、山西、四川、台湾、天津、新疆、云南、浙江。

中 文 名：巴西莲子草

学　　名：*Alternanthera dentata*（Moench）Stuchlík ex R. E. Fr.

分类地位：Amaranthaceae/苋科

原 产 地：原产于南美洲。

国内分布：福建、广东、海南、澳门、云南。

★中文名：华莲子草

别　　名：匙叶莲子草、美洲虾钳菜、星星虾钳菜、红苋草、花莲子草

学　　名：*Alternanthera paronychioides* A. St. -Hil.

分类地位：Amaranthaceae/苋科

原 产 地：原产于美洲热带地区，从墨西哥、西印度群岛南部到巴西。

国内分布：广东、广西、海南、香港、澳门、台湾。

★中文名：空心莲子草

别　　名：喜旱莲子草、水花生、革命草、水蕹菜、空心苋

学　　名：*Alternanthera philoxeroides*（Mart.）

分类地位：Amaranthaceae/苋科

原 产 地：原产于南美洲的巴拉那河地区。

国内分布：安徽、北京、重庆、福建、甘肃、广东、广西、贵州、海南、河北、河南、香港、湖北、湖南、江苏、江西、辽宁、澳门、青海、陕西、山东、上海、山西、四川、台湾、天津、云南、浙江。

★中文名：刺花莲子草

别　　名：地雷草

学　　名：*Alternanthera pungens* Kunth

分类地位：Amaranthaceae/苋科

原 产 地：原产于南美洲。

国内分布：安徽、北京、福建、广东、广西、贵州、海南、香港、湖南、江苏、江西、澳门、四川、云南、浙江。

中 文 名：瑞氏莲子草

学　　名：*Alternanthera reineckii* Briq.

分类地位：Amaranthaceae/苋科

原 产 地：原产于南美洲。

国内分布：台湾。

★中文名：白苋

别　　名：糠苋、细苋、假苋菜、绿苋

学　　名：*Amaranthus albus* L.

分类地位：Amaranthaceae/苋科

原 产 地：原产于北美洲。

国内分布：北京、广西、贵州、河北、黑龙江、河南、湖北、湖南、江苏、吉林、辽宁、内蒙古、陕西、山东、上海、山西、天津、新疆。

★中文名：北美苋

学　　名：*Amaranthus blitoides* S. Watson

分类地位：Amaranthaceae/苋科

原 产 地：原产于美国西部。

国内分布：安徽、北京、河北、黑龙江、河南、湖北、江苏、吉林、辽宁、内蒙古、山东、上海、山西、四川、天津、新疆。

★中文名：凹头苋

别　　名：野苋、野苋菜

学　　名：*Amaranthus blitum* L.

分类地位：Amaranthaceae/苋科

原 产 地：原产于地中海地区、欧洲和北非。

国内分布：安徽、北京、重庆、福建、甘肃、广东、广西、贵州、海南、河北、黑龙江、河南、香港、湖北、湖南、江苏、江西、吉林、辽宁、澳门、内蒙古、陕西、山东、上海、山西、四川、台湾、天津、新疆、云南、浙江。

★中文名：尾穗苋

别　　名：老枪谷

学　　名：*Amaranthus caudatus* L.

分类地位：Amaranthaceae/苋科

原 产 地：原产于美洲热带地区。

国内分布：安徽、北京、重庆、福建、甘肃、广东、广西、贵州、海南、河北、黑龙江、河南、湖北、湖南、江苏、江西、吉林、辽宁、内蒙古、宁夏、青海、陕西、山东、上海、山西、四川、台湾、天津、新疆、西藏、云南、浙江。

★中文名：繁穗苋

学　　名：*Amaranthus cruentus* L.

分类地位：Amaranthaceae/苋科

原 产 地：原产于墨西哥和危地马拉。

国内分布：安徽、北京、重庆、福建、甘肃、广东、广西、贵州、河北、黑龙江、河南、湖北、湖南、江苏、江西、吉林、辽宁、内蒙古、青海、陕西、山东、上海、山东、上海、山西、四川、天津、西藏、云南、浙江。

★中文名：假刺苋

学　　名：*Amaranthus dubius* Mart. ex Thell.

分类地位：Amaranthaceae/苋科

原 产 地：原产于南美洲、墨西哥和西印度群岛。

国内分布：安徽、北京、广东、河南、江西、台湾、云南、浙江。

中 文 名：地中海苋

学　　名：*Amaranthus graecizans* subsp. *sylvestris* Brenan

分类地位：Amaranthaceae/苋科

原 产 地：原产于地中海地区。

国内分布：河南、陕西、宁夏、四川。

中 文 名：腋花苋

学　　名：*Amaranthus graecizans* subsp. *thellungianus*（Nevski）Gusev

分类地位：Amaranthaceae/ 苋科

原 产 地：原产于地中海地区。

国内分布：山西、河南、陕西、新疆。

★中文名：千穗谷

别　　名：猪苋菜、洋苋菜、仙米

学　　名：*Amaranthus hypochondriacus* L.

分类地位：Amaranthaceae/ 苋科

原 产 地：原产于墨西哥和危地马拉。

国内分布：安徽、重庆、贵州、河北、河南、江苏、吉林、内蒙古、四川、天津、新疆、云南、浙江。

★中文名：长芒苋

别　　名：绿苋、野苋

学　　名：*Amaranthus palmeri* S. Watson

分类地位：Amaranthaceae/ 苋科

原 产 地：原产于北美洲西南部。

国内分布：安徽、北京、福建、广东、广西、河北、河南、江苏、江西、吉林、辽宁、山东、上海、天津、浙江。

★中文名：合被苋

别　　名：泰山苋

学　　名：*Amaranthus polygonoides* L.

分类地位：Amaranthaceae/ 苋科

原 产 地：原产于美国和墨西哥。

国内分布：安徽、北京、广西、河北、河南、江苏、辽宁、山东、上海、天津、浙江。

★中文名：鲍氏苋

学　　名：*Amaranthus powellii* S. Watson

分类地位：Amaranthaceae/苋科

原 产 地：原产于美国西南部和墨西哥相邻地区。

国内分布：河北、江苏、内蒙古、山西。

★中文名：反枝苋

别　　名：西风谷、人苋菜、野苋菜

学　　名：*Amaranthus retroflexus* L.

分类地位：Amaranthaceae/苋科

原 产 地：原产于北美洲。

国内分布：安徽、北京、重庆、福建、甘肃、广东、广西、贵州、海南、河北、黑龙江、河南、湖北、湖南、江苏、江西、吉林、辽宁、内蒙古、宁夏、青海、陕西、山东、上海、山西、四川、台湾、天津、新疆、西藏、云南、浙江。

★中文名：西部苋

学　　名：*Amaranthus rudis* J. D. Sauer

分类地位：Amaranthaceae/苋科

原 产 地：原产于北美洲。

国内分布：北京、福建（泉州）。

★中文名：刺苋

别　　名：笋苋菜、勒苋菜

学　　名：*Amaranthus spinosus* L.

分类地位：Amaranthaceae/苋科

原 产 地：原产于美洲热带地区的低地。

国内分布：安徽、北京、重庆、福建、甘肃、广东、广西、贵州、海南、河北、黑龙江、河南、香港、湖北、湖南、江苏、江西、吉林、辽宁、澳门、陕西、山东、上海、山西、四川、台湾、新疆、西藏、云南、浙江。

★中文名：菱叶苋

学　　名：*Amaranthus standleyanus* Parodi ex Covas

分类地位：Amaranthaceae/苋科

原 产 地：原产于阿根廷。

国内分布：北京、江苏。

中 文 名：薄叶苋

学　　名：*Amaranthus tenuifolius* Willd.

分类地位：Amaranthaceae/苋科

原 产 地：原产于印度和巴基斯坦。

国内分布：河南、山东。

★中文名：苋

别　　名：雁来红、老来少、三色苋

学　　名：*Amaranthus tricolor* L.

分类地位：Amaranthaceae/苋科

原 产 地：原产于亚洲热带地区。

国内分布：安徽、北京、重庆、福建、甘肃、广东、广西、贵州、海南、河北、黑龙江、河南、香港、湖北、湖南、江苏、江西、吉林、辽宁、澳门、内蒙古、宁夏、青海、陕西、山东、上海、山西、四川、台湾、天津、新疆、西藏、云南、浙江。

★中文名：糙果苋

学　　名：*Amaranthus tuberculatus*（Moq.）J. D. Sauer

分类地位：Amaranthaceae/苋科

原 产 地：原产于北美洲。

国内分布：北京、河北、辽宁、山东。

★中文名：皱果苋

别　　名：绿苋、野苋、细苋

学　　名：*Amaranthus viridis* L.

分类地位：Amaranthaceae/苋科

原　产　地：原产于南美洲。

国内分布：安徽、北京、重庆、福建、甘肃、广东、广西、贵州、海南、河北、黑龙江、河南、香港、湖北、湖南、江苏、江西、吉林、辽宁、澳门、内蒙古、陕西、山东、上海、山西、四川、台湾、天津、新疆、云南、浙江。

★中文名：瓦氏苋

学　　名：*Amaranthus watsonii* Standl.

分类地位：Amaranthaceae/苋科

原　产　地：原产于北美洲、中美洲。

国内分布：江苏、辽宁（大连）、山东（博兴）。

中　文　名：四翅滨藜

别　　名：灰毛滨藜

学　　名：*Atriplex canescens*（Pursh）Nutt.

分类地位：Amaranthaceae/苋科

原　产　地：原产于美国西部。

国内分布：甘肃、吉林、内蒙古、宁夏、陕西、新疆。

中　文　名：大洋洲滨藜

别　　名：大苞滨藜、鲅鲗滨藜

学　　名：*Atriplex nummularia* Lindl.

分类地位：Amaranthaceae/苋科

原　产　地：原产于澳大利亚。

国内分布：台湾（包括澎湖岛）。

★中文名：青葙

别　　名：野鸡冠花

学　　名：*Celosia argentea* L.

分类地位：Amaranthaceae/苋科

原 产 地：原产于印度。

国内分布：江苏、浙江、安徽、澳门、北京、福建、甘肃、江西、山东、河南、湖北、湖南、台湾、重庆、四川、贵州、云南、西藏、广东、广西、海南、河北、天津、新疆、上海。

中 文 名：杖藜

学　　名：*Chenopodium giganteum* D. Don

分类地位：Amaranthaceae/苋科

原 产 地：原产于印度。

国内分布：北京、重庆、甘肃、广西、贵州、河北、黑龙江、河南、湖南、江西、辽宁、内蒙古、陕西、上海、山西、四川、台湾、云南、浙江。

★中文名：灰绿藜

别　　名：盐灰菜、黄瓜菜、山芥菜、山菘菠、山根龙

学　　名：*Chenopodium glaucum* L.

分类地位：Amaranthaceae/苋科

原 产 地：原产于美洲。

国内分布：甘肃、青海、新疆、安徽、江苏、上海、浙江、江西、湖南、湖北、四川、贵州、台湾、广东、云南。

★中文名：杂配藜

别　　名：大叶藜、血见愁、野角尖草

学　　名：*Chenopodium hybridum* L.

分类地位：Amaranthaceae/苋科

原 产 地：原产于欧洲和亚洲西部。

国内分布：安徽、北京、重庆、甘肃、广西、贵州、河北、黑龙江、河南、湖北、湖南、吉林、辽宁、内蒙古、宁夏、青海、陕西、山东、上海、

山西、四川、天津、新疆、西藏、云南、浙江。

中 文 名：多籽藜
学　　名：*Chenopodium polyspermum* L.
分类地位：Amaranthaceae/苋科
原 产 地：原产于欧洲和亚洲西部。
国内分布：西藏。

中 文 名：瑞典藜
学　　名：*Chenopodium suecicum* J. Murr
分类地位：Amaranthaceae/苋科
原 产 地：原产于欧洲。
国内分布：西藏。

中 文 名：长序苋
别　　名：瘤果苋
学　　名：*Digera muricata*（L.）Mart.
分类地位：Amaranthaceae/苋科
原 产 地：原产于非洲热带地区、亚洲热带和亚热带地区。
国内分布：安徽、河南、湖北、台湾。

★中文名：土荆芥
别　　名：鹅脚草、臭草、臭杏、杀虫芥、香藜草、洋蚂蚁草
学　　名：*Dysphania ambrosioides*（L.）Mosyakin & Clemants
分类地位：Amaranthaceae/苋科
原 产 地：原产于美洲热带地区。
国内分布：安徽、北京、重庆、福建、甘肃、广东、广西、贵州、海南、河北、黑龙江、河南、香港、湖北、湖南、江苏、江西、吉林、澳门、宁夏、陕西、山东、上海、陕西、四川、台湾、西藏、云南、浙江。

★中文名：铺地藜

学　　名：*Dysphania pumilio* R. Brown

分类地位：Amaranthaceae/苋科

原 产 地：原产于澳大利亚西部。

国内分布：北京、河南、山东。

★中文名：银花苋

别　　名：鸡冠千日红、假千日红、地锦苋

学　　名：*Gomphrena celosioides* Mart.

分类地位：Amaranthaceae/苋科

原 产 地：原产于南美洲。

国内分布：安徽、福建、广东、广西、海南、香港、江西、澳门、台湾、
云南。

中 文 名：千日红

别　　名：百日红、火球花、日日红、万年红

学　　名：*Gomphrena globosa* L.

分类地位：Amaranthaceae/苋科

原 产 地：原产于巴西、巴拿马和危地马拉。

国内分布：安徽、北京、重庆、福建、甘肃、广东、广西、贵州、海南、
河北、黑龙江、河南、香港、湖北、湖南、江苏、江西、吉林、辽宁、澳门、
山西、山东、上海、四川、天津、新疆、云南、浙江。

中 文 名：小花钩牛膝

学　　名：*Pupalia micrantha* Hauman

分类地位：Amaranthaceae/苋科

原 产 地：原产于非洲热带地区、菲律宾。

国内分布：台湾。

中 文 名：北美海蓬子

学　　名：*Salicornia bigelovii* Torr.

分类地位：Amaranthaceae/苋科

原 产 地：原产于美国沿海地区、墨西哥和伯利兹海岸。

国内分布：广东、广西、海南、山东、浙江。

中 文 名：刺沙蓬

学　　名：*Salsola tragus* L.

分类地位：Amaranthaceae/苋科

原 产 地：原产于俄罗斯东南部和西伯利亚西部。

国内分布：北京、甘肃、河北、黑龙江、江苏、吉林、辽宁、内蒙古、宁夏、青海、陕西、山东、上海、山西、天津、新疆、西藏、浙江。

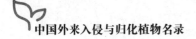

Aizoaceae/ 番杏科

★中文名：番杏

别　　名：法国菠菜、新西兰菠菜、澳洲菠菜、夏菠菜、滨莴苣

学　　名：*Tetragonia tetragonoides*（Pall.）Kuntze

分类地位：Aizoaceae/番杏科

原 产 地：原产于阿根廷、澳大利亚、智利、日本和新西兰。

国内分布：福建、广东、海南、香港、江苏、上海、台湾、云南、浙江。

中 文 名：假海马齿

学　　名：*Trianthema portulacastrum* L.

分类地位：Aizoaceae/番杏科

原 产 地：原产于美洲热带地区。

国内分布：广东、海南（包括南海诸岛）、台湾。

🌿 Phytolaccaceae/ 商陆科

★中文名：垂序商陆

别　　名：美洲商陆、垂穗商陆、美国商陆、十蕊商陆、洋商陆

学　　名：*Phytolacca americana* L.

分类地位：Phytolaccaceae/ 商陆科

原 产 地：原产于北美洲。

国内分布：安徽、北京、重庆、福建、甘肃、广东、广西、贵州、海南、
河北、黑龙江、河南、香港、湖北、湖南、江苏、江西、辽宁、陕西、山东、
上海、山西、四川、台湾、天津、新疆、云南、浙江。

中 文 名：二十蕊商陆

学　　名：*Phytolacca icosandra* L.

分类地位：Phytolaccaceae/ 商陆科

原 产 地：原产于墨西哥和南美洲。

国内分布：台湾。

🌿 Petiveriaceae/ 蒜香草科

中 文 名：蒜味草

学　　名：*Petiveria alliacea* L.

分类地位：Petiveriaceae/ 蒜香草科

原 产 地：原产于美洲。

国内分布：福建。

★中文名：数珠珊瑚

别　　名：蕾芬、胭脂草、珊瑚珠、珍珠一串红

学　　名：*Rivina humilis* L.

分类地位：Petiveriaceae/蒜香草科

原　产　地：可能原产于美洲热带地区。

国内分布：福建、广东、广西、台湾、浙江。

Nyctaginaceae/紫茉莉科

中　文　名：红细心

学　　　名：*Boerhavia coccinea* Mill.

分类地位：Nyctaginaceae/紫茉莉科

原　产　地：原产地不详，可能原产于美国南部和南美洲北部之间的区域，并扩散到世界其他地区。

国内分布：海南、台湾。

中　文　名：光叶子花

别　　　名：三角梅、三角花、小叶九重葛、宝巾、紫三

学　　　名：*Bougainvillea glabra* Choisy

分类地位：Nyctaginaceae/紫茉莉科

原　产　地：原产于巴西。

国内分布：重庆、福建、广东、广西、贵州、海南、江苏、江西、澳门、上海、四川、天津、云南、浙江。

中　文　名：叶子花

别　　　名：勒杜鹃、三角花、室中花、九重葛、贺春红

学　　　名：*Bougainvillea spectabilis* Willd.

分类地位：Nyctaginaceae/紫茉莉科

原　产　地：原产于巴西。

国内分布：北京、福建、广东、广西、贵州、海南、香港、湖北、湖南、江苏、江西、澳门、山东、上海、四川、台湾、天津、云南、浙江。

★中文名：紫茉莉

别　　名：胭脂花、地雷花、苦丁香、野丁香、粉豆花、状元花

学　　名：*Mirabilis jalapa* L.

分类地位：Nyctaginaceae/紫茉莉科

原 产 地：原产于美洲热带地区。

国内分布：安徽、北京、重庆、福建、甘肃、广东、广西、贵州、海南、河北、河南、香港、湖北、湖南、江苏、江西、辽宁、青海、澳门、陕西、山东、上海、山西、四川、台湾、天津、新疆、云南、浙江。

中 文 名：夜香山茉莉

学　　名：*Oxybaphus nyctagineus*（Michx.）MacMill.

分类地位：Nyctaginaceae/紫茉莉科

原 产 地：原产于北美洲中部。

国内分布：北京。

Molluginaceae/ 粟米草科

中 文 名：无茎粟米草

学　　名：*Mollugo nudicaulis* Lam.

分类地位：Molluginaceae/粟米草科

原 产 地：原产于非洲。

国内分布：广东、海南、江苏。

中 文 名：种棱粟米草

学　　名：*Mollugo verticillata* L.

分类地位：Molluginaceae/粟米草科

原 产 地：原产于美洲热带地区。

国内分布：福建、广东、广西、海南、江苏、山东、台湾。

Basellaceae/落葵科

★中文名：落葵薯
别　　名：藤三七、藤七、川七、心叶落葵薯、洋落葵、细枝落
学　　名：*Anredera cordifolia*（Ten.）Steenis
分类地位：Basellaceae/落葵科
原 产 地：原产于巴西南部到阿根廷北部。
国内分布：安徽、北京、重庆、福建、广东、广西、贵州、海南、香港、湖北、湖南、江苏、江西、澳门、四川、台湾、天津、云南、浙江。

中 文 名：短序落葵薯
学　　名：*Anredera scandens*（L.）Sm.
分类地位：Basellaceae/落葵科
原 产 地：原产于美洲。
国内分布：福建、广东、台湾。

中 文 名：落葵
别　　名：蘩露、藤菜、木耳菜
学　　名：*Basella alba* L.
分类地位：Basellaceae/落葵科
原 产 地：原产于印度次大陆、东南亚和巴布亚新几内亚。
国内分布：重庆、广东、广西、海南、香港、湖南、江苏、江西、澳门、上海、四川、台湾、天津、云南、浙江。

Talinaceae/土人参科

中 文 名：棱轴土人参
学　　名：*Talinum fruticosum*（L.）Juss.

分类地位：Talinaceae/土人参科

原 产 地：原产于美洲热带地区。

国内分布：海南、香港、台湾。

★中文名：土人参

别　　名：栌兰、假人参、土高丽参、红参、紫人参、煮饭花、

学　　名：*Talinum paniculatum*（Jacq.）Gaertn.

分类地位：Talinaceae/土人参科

原 产 地：原产于美洲热带地区。

国内分布：安徽、北京、重庆、福建、甘肃、广东、广西、贵州、河南、香港、湖北、湖南、江苏、江西、澳门、陕西、山东、上海、山西、四川、台湾、天津、云南、浙江。

Portulacaceae/ 马齿苋科

中 文 名：大花马齿苋

学　　名：*Portulaca grandiflora* Hook.

分类地位：Portulacaceae/马齿苋科

原 产 地：原产于阿根廷、巴西和乌拉圭。

国内分布：安徽、北京、重庆、福建、广东、广西、贵州、海南、河北、黑龙江、湖北、湖南、江苏、江西、吉林、辽宁、澳门、陕西、山东、上海、四川、台湾、天津、云南、浙江。

★中文名：毛马齿苋

别　　名：多毛马齿苋、多花马齿苋、午时草、松毛牡丹

学　　名：*Portulaca pilosa* L.

分类地位：Portulacaceae/马齿苋科

原 产 地：原产于美洲。

国内分布：福建、广东、广西、海南、香港、澳门、台湾、云南。

🌱 **Cactaceae/仙人掌科**

中 文 名：六角柱
学　　名：*Cereus peruvianus*（L.）Mill.
分类地位：Cactaceae/仙人掌科
原 产 地：原产于巴西和阿根廷。
国内分布：台湾。

中 文 名：三棱箭
学　　名：*Hylocereus trigonus*（Haw.）Saff.
分类地位：Cactaceae/仙人掌科
原 产 地：原产于南美洲。
国内分布：台湾。

★中文名：量天尺
别　　名：龙骨花、霸王鞭、三角柱、三棱箭
学　　名：*Hylocereus undatus*（Haw.）Britton & Rose
分类地位：Cactaceae/仙人掌科
原 产 地：原产于美洲热带地区。
国内分布：福建、广东、广西、海南、香港、澳门、台湾。

中 文 名：胭脂掌
学　　名：*Opuntia cochenillifera*（L.）Mill.
分类地位：Cactaceae/仙人掌科
原 产 地：原产于墨西哥。
国内分布：栽培于福建、广东、广西、贵州、海南、台湾；归化在广东、海南、广西。

★中文名：仙人掌

别　　名：仙巴掌

学　　名：*Opuntia dillenii*（Ker Gawl.）Haw.

分类地位：Cactaceae/仙人掌科

原 产 地：原产于加勒比地区。

国内分布：重庆、福建、广东、广西、海南、香港、湖南、江苏、江西、澳门、陕西、山东、四川、台湾、天津、云南、浙江。

★中文名：梨果仙人掌

别　　名：仙桃

学　　名：*Opuntia ficus-indica*（L.）Mill.

分类地位：Cactaceae/仙人掌科

原 产 地：原产地不详，可能原产于墨西哥；在热带和亚热带地区归化。

国内分布：重庆、福建、广东、广西、贵州、四川、台湾、西藏、云南、浙江。

★中文名：单刺仙人掌

别　　名：绿仙人掌、月月掌

学　　名：*Opuntia monacantha* Haw.

分类地位：Cactaceae/仙人掌科

原 产 地：原产于阿根廷、巴西、巴拉圭和乌拉圭。

国内分布：重庆、福建、广东、广西、贵州、海南、黑龙江、湖北、湖南、四川、台湾、西藏、云南。

★中文名：木麒麟

别　　名：虎刺、叶仙人掌

学　　名：*Pereskia aculeata* Mill.

分类地位：Cactaceae/仙人掌科

原 产 地：原产于美洲热带地区。

国内分布：福建、广东、广西、澳门、云南。

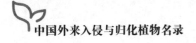 Balsaminaceae/凤仙花科

中 文 名：凤仙花
学　　名：*Impatiens balsamina* L.
分类地位：Balsaminaceae/凤仙花科
原 产 地：原产于印度。
国内分布：安徽、北京、重庆、福建、甘肃、广东、广西、贵州、海南、河北、黑龙江、河南、香港、湖北、湖南、江苏、江西、吉林、辽宁、澳门、内蒙古、宁夏、青海、陕西、山东、上海、山西、四川、台湾、天津、新疆、云南、浙江。

中 文 名：非洲凤仙花
学　　名：*Impatiens walleriana* Hook. f.
分类地位：Balsaminaceae/凤仙花科
原 产 地：原产于东非。
国内分布：北京、福建、广东、广西、海南、河北、黑龙江、香港、湖北、湖南、江苏、吉林、澳门、陕西、上海、四川、台湾、天津、新疆、云南。

Primulaceae/报春花科

中 文 名：琉璃繁缕
学　　名：*Anagallis arvensis* L.
分类地位：Primulaceae/报春花科
原 产 地：原产于欧洲、亚洲西部和非洲北部。
国内分布：福建、甘肃、广东、湖南、江苏、江西、上海、台湾、浙江。

Rubiaceae / 茜草科

★中文名：山东丰花草
别　　名：圆茎纽扣草
学　　名：*Diodia teres* Walter
分类地位：Rubiaceae/茜草科
原 产 地：原产于安的列斯群岛和美洲。
国内分布：福建、山东、浙江。

★中文名：双角草
别　　名：维州纽扣草、大纽扣草
学　　名：*Diodia virginiana* L.
分类地位：Rubiaceae/茜草科
原 产 地：原产于北美洲。
国内分布：安徽、台湾。

★中文名：盖裂果
别　　名：硬毛盖裂果
学　　名：*Mitracarpus hirtus*（L.）DC.
分类地位：Rubiaceae/茜草科
原 产 地：原产于安的列斯群岛和美洲。
国内分布：北京、福建、广东、广西、海南、香港、江西、云南。

中 文 名：匍匐微耳草
学　　名：*Oldenlandiopsis callitrichoides*（Griseb.）
分类地位：Rubiaceae/茜草科
原 产 地：原产于美洲热带地区。
国内分布：台湾。

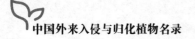

★中文名：巴西墨苜蓿

别　　名：巴西拟鸭舌癀

学　　名：*Richardia brasiliensis* Gomes

分类地位：Rubiaceae/ 茜草科

原 产 地：原产于南美洲。

国内分布：福建、广东、广西、海南、香港、台湾、浙江。

★中文名：墨苜蓿

别　　名：李察草

学　　名：*Richardia scabra* L.

分类地位：Rubiaceae/ 茜草科

原 产 地：原产于安的列斯群岛和美洲。

国内分布：北京、福建、广东、广西、海南、香港、江苏、澳门、台湾。

★中文名：田茜

别　　名：野茜、雪亚迪草

学　　名：*Sherardia arvensis* L.

分类地位：Rubiaceae/ 茜草科

原 产 地：原产于欧洲。

国内分布：北京、湖南、江苏、台湾。

★中文名：阔叶丰花草

别　　名：四方骨草

学　　名：*Spermacoce alata* Aubl.

分类地位：Rubiaceae/ 茜草科

原 产 地：原产于美洲热带地区。

国内分布：福建、广东、广西、海南、香港、湖南、江苏、江西、澳门、台湾、云南、浙江。

中 文 名： 苞叶丰花草

学　　名： *Spermacoce eryngioides*（Cham. & Schltdl.）Kuntze

分类地位： Rubiaceae/茜草科

原 产 地： 原产于南美洲。

国内分布： 江苏。

中 文 名： 二萼丰花草

学　　名： *Spermacoce exilis*（L. O. Williams）C. D. Adams

分类地位： Rubiaceae/茜草科

原 产 地： 原产于美洲热带地区。

国内分布： 海南、香港、台湾。

中 文 名： 美洲丰花草

学　　名： *Spermacoce ocymifolia* Willd.

分类地位： Rubiaceae/茜草科

原 产 地： 原产于墨西哥和南美洲。

国内分布： 台湾。

中 文 名： 匍匐丰花草

学　　名： *Spermacoce prostrata* Aubl.

分类地位： Rubiaceae/茜草科

原 产 地： 原产于美洲热带地区。

国内分布： 在海南、香港和台湾低海拔的湿地中归化。

★中文名： 光叶丰花草

别　　名： 耳草

学　　名： *Spermacoce remota* Lam.

分类地位： Rubiaceae/茜草科

原 产 地： 原产于美国东南部、西印度群岛、墨西哥和南美洲。

国内分布： 重庆、广东、台湾、云南。

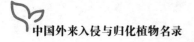

Apocynaceae/夹竹桃科

★中文名：马利筋
别　　名：莲生桂子花、金凤花
学　　名：*Asclepias curassavica* L.
分类地位：Apocynaceae/夹竹桃科
原 产 地：原产于美洲热带地区。
国内分布：安徽、北京、福建、广东、广西、贵州、海南、河北、黑龙江、河南、香港、湖北、湖南、江苏、江西、辽宁、澳门、宁夏、青海、陕西、山东、上海、四川、台湾、天津、西藏、云南、浙江。

中 文 名：鸭蛋花
学　　名：*Cameraria latifolia* L.
分类地位：Apocynaceae/夹竹桃科
原 产 地：原产于墨西哥东南部到危地马拉和大安的列斯群岛。
国内分布：广东。

★中文名：长春花
别　　名：雁来红、四时春、四季梅、五瓣梅
学　　名：*Catharanthus roseus*（L.）G. Don
分类地位：Apocynaceae/夹竹桃科
原 产 地：原产于马达加斯加。
国内分布：安徽、重庆、福建、广东、广西、贵州、海南、香港、湖北、湖南、江苏、江西、澳门、内蒙古、陕西、山东、上海、山西、四川、台湾、天津、云南、浙江。

中 文 名：蟾蜍树
学　　名：*Tabernaemontana elegans* Stapf
分类地位：Apocynaceae/夹竹桃科

原 产 地：原产于索马里南部到非洲南部。

国内分布：台湾。

Boraginaceae/紫草科

★中文名：琉璃苣

别　　名：黄瓜草、紫花草

学　　名：*Borago officinalis* L.

分类地位：Boraginaceae/紫草科

原 产 地：原产于地中海地区。

国内分布：江苏、江西、辽宁、广东、甘肃。

中 文 名：野勿忘草

学　　名：*Myosotis arvensis*（L.）Hill

分类地位：Boraginaceae/紫草科

原 产 地：原产于非洲、高加索、亚洲中部、亚洲西部和欧洲。

国内分布：台湾。

★中文名：聚合草

别　　名：友谊草、爱国草、肥羊草、革命草

学　　名：*Symphytum officinale* L.

分类地位：Boraginaceae/紫草科

原 产 地：原产于高加索、亚洲中部、亚洲西部和欧洲。

国内分布：北京、重庆、福建、甘肃、广西、河北、黑龙江、河南、湖北、湖南、江苏、吉林、辽宁、内蒙古、青海、山东、上海、山西、四川、台湾、新疆、浙江。

中 文 名：印度碧果草

学　　名：*Trichodesma indicum*（L.）Lehmann

分类地位：Boraginaceae/ 紫草科

原 产 地：原产于阿富汗、巴基斯坦、印度、菲律宾和毛里求斯。

国内分布：湖北、台湾、西藏。

中 文 名：斯里兰卡碧果草

学　　名：*Trichodesma zeylanicum*（Burm. f.）R. Br.

分类地位：Boraginaceae/ 紫草科

原 产 地：原产于非洲、亚洲和大洋洲。

国内分布：台湾。

Heliotropiaceae/ 天芥菜科

中 文 名：椭圆叶天芥菜

学　　名：*Heliotropium ellipticum* Ledeb.

分类地位：Heliotropiaceae/ 天芥菜科

原 产 地：原产于高加索、亚洲中部、西伯利亚、亚洲西部、印度和欧洲。

国内分布：北京、甘肃、河南、江苏、上海、西藏。

中 文 名：天芥菜

别　　名：椭圆叶天芥菜

学　　名：*Heliotropium europaeum* L.

分类地位：Heliotropiaceae/ 天芥菜科

原 产 地：原产于欧洲南部、欧洲中部、非洲北部和亚洲西部。

国内分布：北京、重庆、甘肃、河北、河南、上海、山西、新疆、西藏。

中 文 名：伏毛天芹菜

学　　名：*Heliotropium procumbens* var. *depressum* Fosberg & Sachet

分类地位：Heliotropiaceae/ 天芥菜科

原 产 地：原产于美洲热带地区。

国内分布：台湾。

Convolvulaceae/旋花科

中 文 名：美丽银背藤

学　　名：*Argyreia nervosa*（Burm. f.）Bojer

分类地位：Convolvulaceae/旋花科

原 产 地：原产于印度次大陆。

国内分布：广东、香港、台湾、云南。

中 文 名：杯花菟丝子

学　　名：*Cuscuta approximata* Bab.

分类地位：Convolvulaceae/旋花科

原 产 地：原产于北非、亚洲西南部、欧洲南部。

国内分布：西藏、新疆。

★中文名：原野菟丝子

别　　名：田野菟丝子、野地菟丝子

学　　名：*Cuscuta campestris* Yunck.

分类地位：Convolvulaceae/旋花科

原 产 地：原产于北美洲。

国内分布：福建、广东、香港、江苏、台湾、新疆、浙江。

★中文名：亚麻菟丝子

学　　名：*Cuscuta epilinum* Weihe ex Boenn.

分类地位：Convolvulaceae/旋花科

原 产 地：原产于亚洲西南部和欧洲。

国内分布：黑龙江、河北、陕西、新疆。

中 文 名：欧洲菟丝子

学　　名：*Cuscuta europaea* L.

分类地位：Convolvulaceae/旋花科

原 产 地：原产于欧洲。

国内分布：黑龙江、吉林、辽宁、内蒙古、河北、山西、陕西、河南、山东、甘肃、宁夏、青海、新疆、安徽、江苏、浙江、江西、湖北、湖南、福建、广东、广西、海南、台湾、四川、贵州、云南、西藏。

★中文名：短梗土丁桂

别　　名：美洲土丁桂、云南土丁桂

学　　名：*Evolvulus nummularius*（L.）L.

分类地位：Convolvulaceae/旋花科

原 产 地：原产于美洲。

国内分布：福建、台湾、云南（泸西）。

★中文名：月光花

别　　名：嫦娥奔月、天茄儿、夕颜、夜牵牛

学　　名：*Ipomoea alba* L.

分类地位：Convolvulaceae/旋花科

原 产 地：原产于美洲。

国内分布：福建、广东、广西、海南、河北、香港、湖南、江苏、江西、内蒙古、陕西、上海、山西、四川、台湾、天津、云南、浙江。

★中文名：五爪金龙

别　　名：五爪龙

学　　名：*Ipomoea cairica*（L.）Sweet

分类地位：Convolvulaceae/旋花科

原 产 地：原产地不详，可能原产于非洲和亚洲的热带地区。

国内分布：福建、广东、广西、贵州、海南、香港、江苏、江西、澳门、内蒙古、陕西、台湾、云南。

中 文 名：树牵牛

学　　名：*Ipomoea carnea* subsp. *fistulosa*（Mart. ex Choisy）D. F. Austin

分类地位：Convolvulaceae/旋花科

原 产 地：原产于美洲热带地区。

国内分布：福建、广西、海南、台湾、云南。

★中文名：毛果甘薯

别　　名：心叶番薯

学　　名：*Ipomoea cordatotriloba* Dennst.

分类地位：Convolvulaceae/旋花科

原 产 地：原产于美国东南部、墨西哥和南美洲。

国内分布：浙江。

中 文 名：橙红茑萝

学　　名：*Ipomoea hederifolia* L.

分类地位：Convolvulaceae/旋花科

原 产 地：原产于美洲。

国内分布：安徽、北京、福建、河北、河南、香港、江苏、吉林、辽宁、陕西、山东、上海、山西、四川、台湾、天津、云南、浙江。

★中文名：变色牵牛

别　　名：锐叶牵牛

学　　名：*Ipomoea indica*（Burm.）Merr.

分类地位：Convolvulaceae/旋花科

原 产 地：原产于南美洲。

国内分布：重庆、福建、广东、贵州、海南、香港、台湾、云南。

★中文名：瘤根甘薯

别　　名：瘤梗番薯

学　　名：*Ipomoea lacunosa* L.

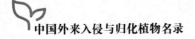

分类地位：Convolvulaceae/ 旋花科

原 产 地：原产于北美洲。

国内分布：安徽、河北、江苏、江西、山东、上海、天津、浙江。

★中文名：七爪龙

学　　名：*Ipomoea mauritiana* Jacq.

分类地位：Convolvulaceae/ 旋花科

原 产 地：原产地不详，可能原产于美洲热带地区。

国内分布：广东、广西、海南、河南、香港、澳门、台湾、云南。

★中文名：牵牛

别　　名：勤娘子、喇叭花、筋角拉子、大牵牛花

学　　名：*Ipomoea nil*（L.）Roth

分类地位：Convolvulaceae/ 旋花科

原 产 地：原产于南美洲。

国内分布：安徽、北京、重庆、福建、甘肃、广东、广西、贵州、海南、河北、黑龙江、河南、香港、湖北、湖南、江苏、江西、吉林、澳门、内蒙古、宁夏、陕西、山东、上海、山西、四川、台湾、天津、西藏、云南、浙江。

★中文名：圆叶牵牛

别　　名：牵牛花、喇叭花、连簪簪、打碗花、紫花牵牛

学　　名：*Ipomoea purpurea*（L.）Roth

分类地位：Convolvulaceae/ 旋花科

原 产 地：原产于美洲。

国内分布：安徽、北京、重庆、福建、甘肃、广东、广西、贵州、海南、河北、黑龙江、河南、香港、湖北、湖南、江苏、江西、吉林、辽宁、澳门、内蒙古、青海、陕西、山东、上海、山西、四川、台湾、天津、新疆、西藏。

★中文名：茑萝

别　　名：茑萝松、羽叶茑萝

学　　名：*Ipomoea quamoclit* L.

分类地位：Convolvulaceae/旋花科

原 产 地：原产于美洲热带地区。

国内分布：安徽、重庆、福建、广东、广西、贵州、海南、黑龙江、香港、湖北、湖南、江苏、江西、辽宁、澳门、青海、陕西、山东、上海、山西、四川、台湾、天津、云南、浙江。

中 文 名：大星牵牛

学　　名：*Ipomoea trifida*（Kunth）G. Don

分类地位：Convolvulaceae/旋花科

原 产 地：原产于墨西哥和南美洲。

国内分布：广东、台湾。

★中文名：三裂叶薯

别　　名：小花假番薯

学　　名：*Ipomoea triloba* L.

分类地位：Convolvulaceae/旋花科

原 产 地：原产于西印度群岛。

国内分布：安徽、福建、广东、广西、海南、河北、河南、香港、湖南、江苏、江西、辽宁、澳门、陕西、上海、台湾、云南、浙江。

★中文名：槭叶小牵牛

学　　名：*Ipomoea wrightii* A. Gray

分类地位：Convolvulaceae/旋花科

原 产 地：原产于美洲热带地区。

国内分布：广东、台湾。

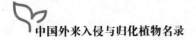
★中文名：苞叶小牵牛

别　　名：头花小牵牛、长梗毛娥房藤

学　　名：*Jacquemontia tamnifolia*（L.）Griseb.

分类地位：Convolvulaceae/旋花科

原 产 地：原产于美洲热带和亚热带地区。

国内分布：广东、广西、海南、江苏、江西、山东、上海、台湾。

中 文 名：金钟藤

学　　名：*Merremia boisiana*（Gagnep.）Ooststr.

分类地位：Convolvulaceae/旋花科

原 产 地：原产于墨西哥和中美洲。

国内分布：福建、广东、广西、海南、台湾、香港、云南。

中 文 名：蔓生菜栾藤

学　　名：*Merremia cissoides*（Lam.）Hallier f.

分类地位：Convolvulaceae/旋花科

原 产 地：原产于墨西哥和南美洲。

国内分布：台湾。

中 文 名：多裂鱼黄草

学　　名：*Merremia dissecta*（Jacq.）Hallier f.

分类地位：Convolvulaceae/旋花科

原 产 地：原产于美洲。

国内分布：广东、台湾。

中 文 名：五叶菜栾藤

学　　名：*Merremia quinquefolia*（L.）Hallier f.

分类地位：Convolvulaceae/旋花科

原 产 地：原产于美洲热带地区。

国内分布：台湾。

★中文名：块茎鱼黄草

别　　名：木玫瑰、藤玫瑰

学　　名：*Merremia tuberosa*（L.）Rendle

分类地位：Convolvulaceae/旋花科

原 产 地：原产于美洲热带部分地区。

国内分布：福建、广东、广西、海南、香港、台湾、云南。

Solanaceae/茄科

★中文名：颠茄

别　　名：颠茄草

学　　名：*Atropa belladonna* L.

分类地位：Solanaceae/茄科

原 产 地：原产于欧洲、北非和亚洲西部。

国内分布：重庆、福建、广东、广西、黑龙江、河南、湖北、江苏、江西、青海、四川、天津、新疆、云南、浙江。

中 文 名：木本曼陀罗

学　　名：*Brugmansia×candida* Pers.

分类地位：Solanaceae/茄科

原 产 地：原产于厄瓜多尔和秘鲁。

国内分布：广东、广西、香港、台湾、云南。

中 文 名：大花曼陀罗

学　　名：*Brugmansia suaveolens*（Humb. & Bonpl. ex Willd.）Sweet

分类地位：Solanaceae/茄科

原 产 地：原产于南美洲中部的亚马孙热带雨林。

国内分布：福建、广东、上海、台湾、云南。

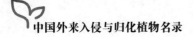

中 文 名：鸳鸯茉莉

学　　名：*Brunfelsia acuminata* Benth.

分类地位：Solanaceae/ 茄科

原 产 地：原产于美洲热带地区。

国内分布：重庆、福建、广东、广西、海南、香港、江苏、澳门、山东、四川、云南。

中 文 名：毛茎夜香树

学　　名：*Cestrum elegans*（Brongn. ex Neumann）Schltdl.

分类地位：Solanaceae/ 茄科

原 产 地：原产于墨西哥。

国内分布：广东、广西、山西、云南。

中 文 名：夜香树

学　　名：*Cestrum nocturnum* L.

分类地位：Solanaceae/ 茄科

原 产 地：原产于美洲。

国内分布：重庆、福建、广东、广西、贵州、海南、香港、湖南、澳门、山东、上海、山西、天津、云南、浙江。

中 文 名：粗刺曼陀罗

学　　名：*Datura ferox* L.

分类地位：Solanaceae/ 茄科

原 产 地：原产于南非。

国内分布：江苏、甘肃、安徽、四川。

★中文名：毛曼陀罗

别　　名：软刺曼陀罗、毛花曼陀罗

学　　名：*Datura innoxia* Mill.

分类地位：Solanaceae/ 茄科

原 产 地：原产于美洲热带和亚热带地区。

国内分布：安徽、北京、福建、甘肃、广西、河北、黑龙江、河南、湖北、湖南、江苏、江西、辽宁、陕西、山东、上海、山西、四川、台湾、天津、新疆、云南、浙江。

★中文名：洋金花

别　　名：白花曼陀罗

学　　名：*Datura metel* L.

分类地位：Solanaceae/茄科

原 产 地：由于栽培历史悠久，原产地不详，可能原产于亚洲热带地区、加勒比地区和墨西哥。

国内分布：安徽、北京、重庆、福建、甘肃、广东、广西、贵州、海南、河北、黑龙江、河南、香港、湖北、湖南、江苏、江西、吉林、辽宁、澳门、青海、陕西、山东、上海、山西、四川、台湾、天津、新疆、西藏、云南、浙江。

★中文名：曼陀罗

别　　名：紫花曼陀罗、欧曼陀罗

学　　名：*Datura stramonium* L.

分类地位：Solanaceae/茄科

原 产 地：原产于墨西哥。

国内分布：安徽、北京、重庆、福建、甘肃、广东、广西、贵州、海南、河北、黑龙江、河南、香港、湖北、湖南、江苏、江西、吉林、辽宁、澳门、内蒙古、宁夏、青海、陕西、山东、上海、山西、四川、台湾、天津、新疆、西藏、云南、浙江。

中 文 名：樱桃番茄

学　　名：*Lycopersicon esculentum* Alef.

分类地位：Solanaceae/茄科

原 产 地：原产于南美洲西北部部分地区。

国内分布：台湾、浙江。

★中文名：假酸浆

别　　名：冰粉、水晶凉粉、蓝花天仙子、鞭打绣球、大千生

学　　名：*Nicandra physalodes*（L.）Gaertn.

分类地位：Solanaceae/茄科

原 产 地：原产于秘鲁。

国内分布：黑龙江、吉林、辽宁、内蒙古、河北、天津、北京、山西、山东、河南、甘肃、新疆、安徽、江苏、上海、浙江、江西、湖南、湖北、重庆、四川、贵州、福建、广东、广西、云南、西藏。

中 文 名：花烟草

学　　名：*Nicotiana alata* Link & Otto

分类地位：Solanaceae/茄科

原 产 地：原产于南美洲，从巴西到阿根廷东北部。

国内分布：北京、福建、广西、黑龙江、江苏（南京）、台湾、浙江。

中 文 名：长花烟花草

学　　名：*Nicotiana longiflora* Cav.

分类地位：Solanaceae/茄科

原 产 地：原产于南美洲。

国内分布：台湾。

中 文 名：皱叶烟草

学　　名：*Nicotiana plumbaginifolia* Viv.

分类地位：Solanaceae/茄科

原 产 地：原产于墨西哥、南美洲和加勒比的部分地区。

国内分布：江苏、台湾、四川。

★中文名：苦蘵

别　　名：灯笼泡、灯笼草

学　　名：*Physalis angulata* L.

分类地位：Solanaceae/ 茄科

原 产 地：原产于美洲。

国内分布：安徽、北京、重庆、福建、甘肃、广东、广西、贵州、海南、河北、河南、香港、湖北、湖南、江苏、江西、吉林、辽宁、澳门、内蒙古、宁夏、陕西、山东、上海、四川、台湾、天津、西藏、云南、浙江。

中 文 名：棱萼酸浆

学　　名：*Physalis cordata* Mill.

分类地位：Solanaceae/ 茄科

原 产 地：原产于美洲。

国内分布：江西（浮梁）、广东（海珠）。

★中文名：粘果酸浆

别　　名：大果酸浆、毛酸浆、食用酸浆

学　　名：*Physalis ixocarpa* Brot. ex Hornem.

分类地位：Solanaceae/ 茄科

原 产 地：原产于印度。

国内分布：江苏、吉林。

★中文名：小酸浆

别　　名：灯笼草、小酸浆果、天泡果

学　　名：*Physalis minima* L.

分类地位：Solanaceae/ 茄科

原 产 地：原产于美洲热带地区。

国内分布：安徽、北京、重庆、福建、甘肃、广东、广西、贵州、海南、河南、河北、湖北、湖南、吉林、江苏、江西、陕西、山东、上海、四川、台湾、云南、浙江。

★中文名：灯笼果

别　　名：小果酸浆、秘鲁酸浆

学　　名：*Physalis peruviana* L.

分类地位：Solanaceae/ 茄科

原 产 地：原产于南美洲。

国内分布：安徽、重庆、福建、广东、河南、湖北、江苏、江西、吉林、四川、台湾、云南。

★中文名：费城酸浆

学　　名：*Physalis philadelphica* Lam.

分类地位：Solanaceae/ 茄科

原 产 地：原产于美洲热带地区。

国内分布：北京、重庆、福建、广西、贵州、黑龙江、河南、湖北、湖南、江苏、江西、吉林、辽宁、山东、上海、四川、新疆、云南、浙江。

★中文名：毛酸浆

别　　名：洋姑娘

学　　名：*Physalis pubescens* Lam.

分类地位：Solanaceae/ 茄科

原 产 地：原产于美洲。

国内分布：湖南、湖北、江苏。

中 文 名：披针叶酸浆

学　　名：*Physalis virginiana* var. *sonorae*（Torr.）Waterf.

分类地位：Solanaceae/ 茄科

原 产 地：原产于北美洲。

国内分布：江苏。

中 文 名：滨海酸浆

学　　名：*Physalis viscosa* subsp. *maritma*（M. A. Curtis）Waterf.

分类地位：Solanaceae/茄科

原 产 地：原产于北美洲。

国内分布：江苏。

★中文名：少花龙葵

别　　名：光果龙葵、白花菜、古钮菜、扣子草、打卜子、古钮

学　　名：*Solanum americanum* Mill.

分类地位：Solanaceae/茄科

原 产 地：原产于美洲。

国内分布：重庆、福建、广东、广西、贵州、海南、河南、香港、湖北、湖南、江西、澳门、上海、四川、台湾、西藏、云南、浙江。

★中文名：牛茄子

别　　名：颠茄、番鬼茄、大颠茄、癫茄、颠茄子、油辣果

学　　名：*Solanum capsicoides* All.

分类地位：Solanaceae/茄科

原 产 地：原产于巴西。

国内分布：重庆、福建、广东、广西、贵州、海南、河南、香港、湖北、湖南、江苏、江西、辽宁、陕西、山东、上海、四川、台湾、云南、浙江。

★中文名：北美刺龙葵

别　　名：北美水茄

学　　名：*Solanum carolinense* L.

分类地位：Solanaceae/茄科

原 产 地：原产于北美洲。

国内分布：江苏、上海、浙江。

中 文 名：多裂水茄

学　　名：*Solanum chrysotrichum* Schltdl.

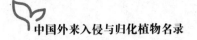

分类地位：Solanaceae/茄科

原 产 地：原产于美洲热带地区。

国内分布：福建、江苏、台湾。

★中文名：黄果龙葵

别 　 名：玛瑙珠

学 　 名：*Solanum diphyllum* L.

分类地位：Solanaceae/茄科

原 产 地：原产于美洲热带地区。

国内分布：广西、台湾、云南。

★中文名：银毛龙葵

别 　 名：银叶茄

学 　 名：*Solanum elaeagnifolium* Cav.

分类地位：Solanaceae/茄科

原 产 地：原产于美洲。

国内分布：山东、台湾。

★中文名：假烟叶树

别 　 名：山烟草、野烟叶、土烟叶、臭屎花、袖钮果、大黄叶

学 　 名：*Solanum erianthum* D. Don

分类地位：Solanaceae/茄科

原 产 地：原产于美洲。

国内分布：重庆、福建、广东、广西、贵州、海南、香港、湖南、澳门、四川、台湾、西藏、云南。

中 文 名：乳茄

学 　 名：*Solanum mammosum* L.

分类地位：Solanaceae/茄科

原 产 地：原产于墨西哥和南美洲。

国内分布：福建、广东、广西、贵州、海南、香港、澳门、上海、云南、浙江。

★中文名：野烟树

别　　名：毛茄、耳叶茄、法兰绒杂草、臭虫草、烟木、烟树

学　　名：*Solanum mauritianum* Scop.

分类地位：Solanaceae/茄科

原　产　地：原产于南美洲。

国内分布：台湾。

★中文名：珊瑚樱

别　　名：安徽全椒、珊瑚豆、玉珊瑚、刺石榴、洋海椒、冬珊瑚

学　　名：*Solanum pseudocapsicum* L.

分类地位：Solanaceae/茄科

原　产　地：原产于墨西哥、加勒比地区和南美洲。

国内分布：安徽、北京、重庆、福建、甘肃、广东、广西、贵州、河北、河南、湖北、湖南、江苏、江西、辽宁、澳门、陕西、山东、上海、四川、台湾、天津、西藏、云南、浙江。

中　文　名：珊瑚豆

学　　名：*Solanum pseudocapsicum* var. *diflorum*（Vell.）Bitter

分类地位：Solanaceae/茄科

原　产　地：原产于南美洲。

国内分布：安徽、重庆、福建、广东、广西、贵州、河北、湖北、湖南、江苏、江西、陕西、上海、山西、四川、天津、云南。

★中文名：黄花刺茄

别　　名：刺萼龙葵、壶萼刺茄

学　　名：*Solanum rostratum* Dunal

分类地位：Solanaceae/茄科

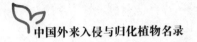

原 产 地：原产于美国和墨西哥北部。

国内分布：北京、河北、香港、江苏、吉林、辽宁、内蒙古、山西、台湾、新疆、云南。

★中文名：腺龙葵

别　　名：毛龙葵

学　　名：*Solanum sarrachoides* Sendt.

分类地位：Solanaceae/ 茄科

原 产 地：原产于南美洲。

国内分布：北京、河南、辽宁、山东、新疆。

中 文 名：南青杞

学　　名：*Solanum seaforthianum* Andrews

分类地位：Solanaceae/ 茄科

原 产 地：原产于加勒比地区。

国内分布：广东、台湾、云南。

★中文名：蒜芥茄

别　　名：刺茄、拟刺茄

学　　名：*Solanum sisymbriifolium* Lam.

分类地位：Solanaceae/ 茄科

原 产 地：原产于南美洲。

国内分布：广东、广西、河北、江苏、江西、辽宁、上海、台湾、云南。

★中文名：水茄

别　　名：万桃花、山颠茄、金衫扣、野茄子、刺茄、青茄、乌凉、天茄子

学　　名：*Solanum torvum* Sw.

分类地位：Solanaceae/ 茄科

原 产 地：原产于美国佛罗里达州和阿拉巴马州南部，穿过西印度群岛，从墨西哥经过巴西到南美洲。

国内分布：福建、甘肃、广东、广西、贵州、海南、香港、湖南、澳门、内蒙古、山东、四川、台湾、西藏、云南、浙江。

★中文名：刻叶龙葵

别　　名：裂叶茄、三花茄

学　　名：*Solanum triflorum* Nutt.

分类地位：Solanaceae/ 茄科

原 产 地：原产于美洲。

国内分布：内蒙古。

★中文名：毛果茄

别　　名：黄果茄、喀西茄

学　　名：*Solanum viarum* Dunal

分类地位：Solanaceae/ 茄科

原 产 地：原产于巴西东南部、阿根廷东北部、巴拉圭和乌拉圭。

国内分布：广东、广西、贵州、湖北、湖南、台湾、西藏、云南。

中 文 名：大花茄

学　　名：*Solanum wrightii* Benth.

分类地位：Solanaceae/ 茄科

原 产 地：原产于玻利维亚和巴西。

国内分布：福建、广东、香港、云南。

Plantaginaceae/ 车前科

中 文 名：巴戈草

学　　名：*Bacopa caroliniana*（Walter）B. L. Rob.

分类地位：Plantaginaceae/ 车前科

原 产 地：原产于美国东南部，从得克萨斯州到马里兰州。

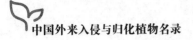

国内分布：台湾。

★中文名：田玄参

别　　名：匍匐假马齿苋、假西洋菜

学　　名：*Bacopa repens*（Sw.）Wettst.

分类地位：Plantaginaceae/ 车前科

原 产 地：原产于墨西哥和南美洲。

国内分布：福建（福州）、广东（广州、深圳）、海南（陵水）、香港。

中 文 名：柄果水马齿

学　　名：*Callitriche deflexa* A. Braun ex Hegelm.

分类地位：Plantaginaceae/ 车前科

原 产 地：原产于南美洲的巴西到阿根廷。

国内分布：台湾。

中 文 名：台湾水马齿

学　　名：*Callitriche peploides* Nutt.

分类地位：Plantaginaceae/ 车前科

原 产 地：原产于北美洲和加勒比地区。

国内分布：台湾。

★中文名：蔓柳穿鱼

别　　名：铙钹花

学　　名：*Cymbalaria muralis* G. Gaertn.，B. Mey. & Scherb.

分类地位：Plantaginaceae/ 车前科

原 产 地：原产于意大利北部。

国内分布：北京、河南、江西。

中 文 名：黄花毛地黄

学　　名：*Digitalis lutea* L.

分类地位：Plantaginaceae/ 车前科

原 产 地：原产于地中海地区和非洲北部。

国内分布：江西、台湾。

中 文 名：毛地黄

学　　名：*Digitalis purpurea* L.

分类地位：Plantaginaceae/ 车前科

原 产 地：原产于欧洲。

国内分布：安徽、重庆、福建、广东、广西、贵州、河北、黑龙江、湖北、江苏、江西、陕西、上海、山西、四川、台湾、天津、云南、浙江。

★中文名：戟叶凯氏草

别　　名：尖叶银鱼木

学　　名：*Kickxia elatine*（L.）Dumort.

分类地位：Plantaginaceae/ 车前科

原 产 地：原产于欧洲。

国内分布：江苏、上海、浙江。

中 文 名：加拿大柳穿鱼

学　　名：*Linaria canadensis*（L.）Dumont de Courset

分类地位：Plantaginaceae/ 车前科

原 产 地：原产于北美洲。

国内分布：台湾。

★中文名：伏胁花

别　　名：黄花假马齿、黄花过长沙舅

学　　名：*Mecardonia procumbens*（Mill.）Small

分类地位：Plantaginaceae/ 车前科

原 产 地：原产于美洲热带和亚热带地区。

国内分布：福建、广东、广西、海南、澳门、台湾。

中 文 名：加拿大柳蓝花

学　　名：*Nuttallanthus canadensis*（L.）D. A. Sutton

分类地位：Plantaginaceae/ 车前科

原 产 地：原产于北美洲东部，从加拿大安大略东部到新斯科舍南部，再到美国得克萨斯州和佛罗里达州。

国内分布：浙江。

中 文 名：对叶车前

学　　名：*Plantago arenaria* Waldst. & Kit.

分类地位：Plantaginaceae/ 车前科

原 产 地：原产于北非、亚洲西南部、欧洲、哈萨克斯坦、吉尔吉斯斯坦、俄罗斯和塔吉克斯坦。

国内分布：广西、河北、江苏、辽宁、四川、新疆、西藏、浙江。

★中文名：具芒车前

别　　名：线叶车前、小芒苞车前

学　　名：*Plantago aristata* Michx.

分类地位：Plantaginaceae/ 车前科

原 产 地：原产于北美洲。

国内分布：安徽、重庆、广东、广西、河北、河南、湖北、湖南、江苏、内蒙古、陕西、山东、四川、新疆、云南。

中 文 名：长叶车前

别　　名：窄叶车前、欧车前、披针叶车前

学　　名：*Plantago lanceolata* L.

分类地位：Plantaginaceae/ 车前科

原 产 地：原产于欧洲、北亚及中亚。

国内分布：辽宁、河南、山东、新疆（野生）、江苏、浙江、江西、台湾、湖北、云南、甘肃、湖北、吉林。

中 文 名：圆苞车前
学　　名：*Plantago ovata* Forssk.
分类地位：Plantaginaceae/ 车前科
原 产 地：原产于地中海地区。
国内分布：福建、新疆。

★中文名：北美车前
别　　名：毛车前
学　　名：*Plantago virginica* L.
分类地位：Plantaginaceae/ 车前科
原 产 地：原产于北美洲。
国内分布：安徽、北京、重庆、福建、广东、广西、贵州、河南、香港、湖北、湖南、江苏、江西、吉林、上海、四川、台湾、云南、浙江。

★中文名：野甘草
别　　名：假甘草、冰糖草
学　　名：*Scoparia dulcis* L.
分类地位：Plantaginaceae/ 车前科
原 产 地：原产于美洲热带地区。
国内分布：北京、福建、甘肃、广东、广西、贵州、海南、河北、香港、江苏、江西、澳门、山东、上海、四川、台湾、云南。

★中文名：轮叶孪生花
学　　名：*Stemodia verticillata*（Mill.）Hassl.
分类地位：Plantaginaceae/ 车前科
原 产 地：原产于墨西哥、南美洲北部和加勒比地区。
国内分布：广东、海南、台湾。

★中文名：直立婆婆纳
别　　名：脾寒草、玄桃

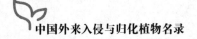

学　　名：*Veronica arvensis* L.

分类地位：Plantaginaceae/ 车前科

原 产 地：原产于欧洲和亚洲西南部。

国内分布：安徽、北京、重庆、福建、广东、广西、贵州、河南、湖北、湖南、江苏、江西、陕西、上海、四川、台湾、新疆、云南、浙江。

★中文名：常春藤婆婆纳

别　　名：睫毛婆婆纳

学　　名：*Veronica hederifolia* L.

分类地位：Plantaginaceae/ 车前科

原 产 地：原产于地中海地区。

国内分布：河南、湖南、江苏、江西、四川、台湾、浙江。

中 文 名：蚊母草

别　　名：水蓑衣、仙桃草

学　　名：*Veronica peregrina* L.

分类地位：Plantaginaceae/ 车前科

原 产 地：原产于北美洲。

国内分布：安徽、澳门、北京、重庆、福建、广东、广西、贵州、河南、黑龙江、湖北、湖南、吉林、江苏、江西、辽宁、内蒙古、陕西、山东、上海、四川、台湾、西藏、新疆、云南、浙江。

★中文名：阿拉伯婆婆纳

别　　名：波斯婆婆纳

学　　名：*Veronica persica* Poir.

分类地位：Plantaginaceae/ 车前科

原 产 地：原产于亚洲西南部。

国内分布：安徽、北京、重庆、福建、广东、广西、贵州、河北、河南、香港、湖北、湖南、江苏、江西、青海、陕西、山东、上海、山西、四川、台湾、新疆、西藏、云南、浙江。

★中文名：婆婆纳

别　　名：双肾草

学　　名：*Veronica polita* Fr.

分类地位：Plantaginaceae/车前科

原 产 地：原产于亚洲西南部。

国内分布：安徽、北京、重庆、福建、甘肃、广东、广西、贵州、河北、河南、香港、湖北、湖南、江苏、江西、内蒙古、青海、陕西、山东、上海、山西、四川、台湾、新疆、西藏、云南、浙江。

Linderniaceae/ 母草科

中 文 名：北美母草

学　　名：*Lindernia dubia*（L.）Pennell

分类地位：Linderniaceae/母草科

原 产 地：原产于北美洲。

国内分布：广东、台湾。

★中文名：圆叶母草

学　　名：*Lindernia rotundifolia*（L.）Alston

分类地位：Linderniaceae/母草科

原 产 地：原产于毛里求斯、马达加斯加、印度西部、印度南部和斯里兰卡。

国内分布：福建、广东、浙江。

中 文 名：小蕊珍珠草

学　　名：*Micranthemum micranthemoides*（Nutt.）Wettst.

分类地位：Linderniaceae/母草科

原 产 地：原产于美国和古巴。

国内分布：台湾。

中 文 名：微花草

学　　名：*Micranthemum umbrosum*（J. F. Gmel.）S. F. Blake

分类地位：Linderniaceae/母草科

原 产 地：原产于美国东南部，从得克萨斯州到佛罗里达州和弗吉尼亚州。

国内分布：广东。

中 文 名：蓝猪耳

别　　名：兰猪耳、夏堇

学　　名：*Torenia fournieri* Linden ex E. Fourn.

分类地位：Linderniaceae/母草科

原 产 地：原产于东南亚。

国内分布：福建、广东、广西、海南、河南、湖北、湖南、陕西、上海、四川、台湾、云南、浙江。

Lamiaceae/唇形科

中 文 名：伏生风轮菜

学　　名：*Clinopodium brownei*（Sw.）Kuntze

分类地位：Lamiaceae/唇形科

原 产 地：原产于欧洲、北美洲和亚洲西部。

国内分布：台湾。

中 文 名：普通风轮菜

学　　名：*Clinopodium vulgare* L.

分类地位：Lamiaceae/唇形科

原 产 地：原产于非洲、亚洲、欧洲等地。

国内分布：江苏。

中 文 名：吉龙草

学　　名：*Elsholtzia communis*（Collett & Hemsl.）Diels

分类地位：Lamiaceae/唇形科

原 产 地：原产于亚洲热带地区。

国内分布：安徽、重庆、甘肃、广西、贵州、湖北、四川、云南。

★中文名：短柄吊球草

别　　名：短柄香苦草

学　　名：*Hyptis brevipes* Poit.

分类地位：Lamiaceae/唇形科

原 产 地：原产于美洲热带地区。

国内分布：广东、广西、海南、香港、澳门、台湾。

中 文 名：头花吊球草

学　　名：*Hyptis capitata* Jacq.

分类地位：Lamiaceae/唇形科

原 产 地：原产于美国佛罗里达州、墨西哥和西印度群岛。

国内分布：海南、香港、台湾。

中 文 名：栉穗香苦草

学　　名：*Hyptis pectinata*（L.）Poit

分类地位：Lamiaceae/唇形科

原 产 地：原产于美洲热带地区。

国内分布：台湾。

★中文名：吊球草

别　　名：四方骨、假走马风、头花香苦草

学　　名：*Hyptis rhomboidea* M. Martens & Galeotti

分类地位：Lamiaceae/唇形科

原 产 地：原产于美洲热带地区。

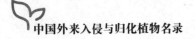

国内分布：安徽、广东、广西、海南、香港、澳门、台湾。

★中文名：山香

别　　名：山薄荷、假藿香、臭草、香苦草

学　　名：*Hyptis suaveolens*（L.）Poit.

分类地位：Lamiaceae/唇形科

原 产 地：原产于美国佛罗里达州到美洲热带地区。

国内分布：福建、广东、广西、贵州、海南、河南、香港、江苏、江西、澳门、台湾、云南。

中 文 名：杂种野芝麻

学　　名：*Lamium hybridum* Vill.

分类地位：Lamiaceae/唇形科

原 产 地：原产于欧洲。

国内分布：台湾。

中 文 名：大苞野芝麻

学　　名：*Lamium purpureum* L.

分类地位：Lamiaceae/唇形科

原 产 地：原产于欧洲。

国内分布：江苏、台湾。

★中文名：荆芥叶狮尾草

学　　名：*Leonotis nepetifolia*（L.）R. Br.

分类地位：Lamiaceae/唇形科

原 产 地：原产于非洲热带地区和印度南部。

国内分布：江苏、云南。

中 文 名：皱叶留兰香

学　　名：*Mentha crispata* Schrad. ex Willd.

分类地位：Lamiaceae/唇形科

原 产 地：原产于亚洲西部和欧洲。

国内分布：北京、重庆、江苏、江西、上海、四川、云南、浙江。

中 文 名：留兰香

学　　名：*Mentha spicata* L.

分类地位：Lamiaceae/唇形科

原 产 地：原产于欧洲。

国内分布：北京、重庆、福建、广东、广西、贵州、海南、河北、黑龙江、湖北、湖南、江苏、江西、陕西、上海、四川、天津、新疆、西藏、云南、浙江。

中 文 名：拟美国薄荷

学　　名：*Monarda fistulosa* L.

分类地位：Lamiaceae/唇形科

原 产 地：原产于北美洲，从加拿大到墨西哥东北部。

国内分布：福建、江苏、江西、浙江。

中 文 名：罗勒

学　　名：*Ocimum basilicum* L.

分类地位：Lamiaceae/唇形科

原 产 地：原产于亚洲热带地区。

国内分布：安徽、北京、重庆、福建、甘肃、广东、广西、贵州、海南、河北、河南、香港、湖北、湖南、江苏、江西、吉林、辽宁、澳门、内蒙古、陕西、山东、上海、山西、四川、台湾、天津、新疆、云南、浙江。

中 文 名：丁香罗勒

学　　名：*Ocimum gratissimum* L.

分类地位：Lamiaceae/唇形科

原 产 地：原产于亚洲热带地区和非洲。

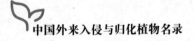

国内分布：福建、广东、广西、贵州、海南、台湾、云南、浙江。

中 文 名：无毛丁香罗勒

学　　名：*Ocimum gratissimum* var. *suave*（Willd.）Hook. f

分类地位：Lamiaceae/唇形科

原 产 地：原产于非洲西部。

国内分布：福建、广东、广西、海南、江苏、四川、台湾、云南、浙江。

中 文 名：圣罗勒

学　　名：*Ocimum sanctum* L.

分类地位：Lamiaceae/唇形科

原 产 地：原产于亚洲热带地区和非洲。

国内分布：广东、海南、四川、台湾。

中 文 名：到手香

学　　名：*Plectranthus amboinicus*（Lour.）Spreng.

分类地位：Lamiaceae/唇形科

原 产 地：原产于非洲，从南非和斯威士兰到安哥拉和莫桑比克，北至
肯尼亚和坦桑尼亚。

国内分布：台湾。

★中文名：朱唇

别　　名：红花鼠尾草、一串红唇、红唇

学　　名：*Salvia coccinea* Buc'hoz ex Etl.

分类地位：Lamiaceae/唇形科

原 产 地：原产于墨西哥和南美洲。

国内分布：安徽、广东、广西、贵州、河北、香港、陕西、山东、上海、
四川、台湾、天津、云南、浙江。

中 文 名：琴叶鼠尾草

学　　名：*Salvia lyrata* L.

分类地位：Lamiaceae/唇形科

原 产 地：原产于美国。

国内分布：江西、台湾。

中 文 名：腺萼鼠尾草

学　　名：*Salvia occidentalis* Sw.

分类地位：Lamiaceae/唇形科

原 产 地：原产于加勒比地区、墨西哥和南美洲。

国内分布：台湾。

中 文 名：南欧丹参

学　　名：*Salvia sclarea* L.

分类地位：Lamiaceae/唇形科

原 产 地：原产于地中海。

国内分布：陕西。

中 文 名：一串红

学　　名：*Salvia splendens* Sellow ex Wied-Neuw.

分类地位：Lamiaceae/唇形科

原 产 地：原产于巴西。

国内分布：安徽、重庆、福建、甘肃、广东、广西、贵州、河北、香港、湖北、湖南、江苏、江西、吉林、辽宁、内蒙古、青海、陕西、上海、山西、四川、天津、新疆、云南、浙江。

★中文名：椴叶鼠尾草

别　　名：宾鼠尾草、杜氏鼠尾草

学　　名：*Salvia tiliifolia* Vahl

分类地位：Lamiaceae/唇形科

原 产 地：原产于美洲热带地区。

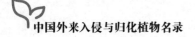

国内分布：四川、云南。

★中文名：田野水苏
学　　名：*Stachys arvensis* L.
分类地位：Lamiaceae/唇形科
原　产　地：原产于欧洲和亚洲西南部。
国内分布：福建、广东、广西、贵州、上海、台湾、浙江。

Orobanchaceae/列当科

中　文　名：光药列当
学　　名：*Orobanche brassicae*（Novopokr.）Novopokr.
分类地位：Orobanchaceae/列当科
原　产　地：原产于东欧。
国内分布：福建。

Lentibulariaceae/狸藻科

中　文　名：利维达狸藻
学　　名：*Utricularia livida* E. Mey.
分类地位：Lentibulariaceae/狸藻科
原　产　地：原产于非洲热带地区和墨西哥。
国内分布：台湾。

中　文　名：史密斯狸藻
学　　名：*Utricularia smithiana* Wight
分类地位：Lentibulariaceae/狸藻科
原　产　地：原产于印度。

国内分布：台湾。

中 文 名：三色狸藻
学　　名：*Utricularia tricolor* A. St. -Hil.
分类地位：Lentibulariaceae/狸藻科
原 产 地：原产于南美洲。
国内分布：台湾。

Acanthaceae/爵床科

中 文 名：穿心莲
别　　名：春莲秋柳、一见喜、榄核莲、苦胆草、金香草、金耳
学　　名：*Andrographis paniculata*（Burm. f.）Wall.
分类地位：Acanthaceae/爵床科
原 产 地：原产于印度和斯里兰卡。
国内分布：安徽、重庆、福建、甘肃、广东、广西、贵州、海南、香港、湖北、湖南、江苏、江西、澳门、陕西、四川、天津、云南、浙江。

中 文 名：宽叶十万错
学　　名：*Asystasia gangetica*（L.）T. Anderson
分类地位：Acanthaceae/爵床科
原 产 地：原产于马来西亚、印度和非洲。
国内分布：福建、广东、广西、海南、台湾、云南。

中 文 名：小花十万错
学　　名：*Asystasia gangetica* subsp. *micrantha*（Nees）Ensermu
分类地位：Acanthaceae/爵床科
原 产 地：原产于非洲撒哈拉沙漠以南地区。
国内分布：广东、海南、台湾。

中 文 名：伞花水蓑衣

学　　名：*Hygrophila corymbosa*（Blume）Lindau

分类地位：Acanthaceae/爵床科

原 产 地：原产于印度和东南亚。

国内分布：台湾。

中 文 名：异叶水蓑衣

学　　名：*Hygrophila difformis*（L. f.）Blume

分类地位：Acanthaceae/爵床科

原 产 地：原产于印度、泰国、孟加拉国、不丹和尼泊尔。

国内分布：台湾。

中 文 名：刻脉水蓑衣

学　　名：*Hygrophila stricta*（Vahl）Lindau

分类地位：Acanthaceae/爵床科

原 产 地：原产于爪哇岛、印度、马来西亚半岛、巴拉望岛和越南。

国内分布：台湾。

中 文 名：鸭嘴花

别　　名：野靛叶、大还魂、鸭子花

学　　名：*Justicia adhatoda* L.

分类地位：Acanthaceae/爵床科

原 产 地：可能原产于印度、印度尼西亚、马来西亚、尼泊尔、巴基斯坦和斯里兰卡。

国内分布：广东、广西、海南、香港、澳门、上海、天津、云南。

中 文 名：水爵床

学　　名：*Justicia comata*（L.）Lamarck

分类地位：Acanthaceae/爵床科

原 产 地：原产于西印度群岛、大安的列斯群岛、墨西哥和南美洲。

国内分布：台湾。

中 文 名：小驳骨
学　　名：*Justicia gendarussa* Burm. f.
分类地位：Acanthaceae/爵床科
原 产 地：原产于南亚和东南亚。
国内分布：福建、广东、广西、海南、辽宁、青海、台湾、澳门、云南。

中 文 名：黑叶小驳骨
别　　名：黑叶接骨草
学　　名：*Justicia ventricosa* Wall. ex Hook. f.
分类地位：Acanthaceae/爵床科
原 产 地：原产于柬埔寨、老挝、缅甸、泰国北部和越南。
国内分布：广东、广西、贵州、海南、云南。

中 文 名：灵枝草
学　　名：*Rhinacanthus nasutus*（L.）Kurz
分类地位：Acanthaceae/爵床科
原 产 地：原产于东南亚部分地区。
国内分布：广东、广西、海南、云南。

中 文 名：赛山蓝
学　　名：*Ruellia blechum* L.
分类地位：Acanthaceae/爵床科
原 产 地：原产于墨西哥到南美洲北部的地区。
国内分布：台湾。

中 文 名：蓝花草
学　　名：*Ruellia brittoniana* Leonard
分类地位：Acanthaceae/爵床科

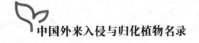

原 产 地：原产于墨西哥、南美洲北部和安的列斯群岛。

国内分布：福建、广东、广西、海南、台湾、云南。

中 文 名：蔓枝芦莉草

学　　名：*Ruellia squarrosa* Fenzl

分类地位：Acanthaceae/ 爵床科

原 产 地：原产于美洲热带地区。

国内分布：台湾、云南。

中 文 名：芦莉草

别　　名：块根芦莉草、块茎芦莉草、蓝芦莉、紫莉花

学　　名：*Ruellia tuberosa* L.

分类地位：Acanthaceae/ 爵床科

原 产 地：原产于美洲热带地区。

国内分布：福建、广东、海南、台湾、云南。

中 文 名：黄脉爵床

学　　名：*Sanchezia nobilis* Hook. f.

分类地位：Acanthaceae/ 爵床科

原 产 地：原产于南美洲北部。

国内分布：广东、广西、海南、香港、湖南、澳门、云南。

中 文 名：灌状山牵牛

学　　名：*Thunbergia affinis* S. Moore

分类地位：Acanthaceae/ 爵床科

原 产 地：原产于非洲。

国内分布：云南。

★中文名：翼叶山牵牛

别　　名：翼叶老鸭嘴、黑眼苏珊

学　　名：*Thunbergia alata* Bojer ex Sims

分类地位：Acanthaceae/爵床科

原　产　地：原产于非洲。

国内分布：福建、广东、广西、江苏、澳门、台湾、香港、云南。

中　文　名：大花老鸭嘴

学　　名：*Thunbergia grandiflora* Roxb.

分类地位：Acanthaceae/爵床科

原　产　地：原产于中南半岛至印度。

国内分布：福建、台湾、广东、海南、广西、云南。

✿ Bignoniaceae/ 紫葳科

★中文名：猫爪藤

学　　名：*Dolichandra unguis-cati*（L.）A. H. Gentry

分类地位：Bignoniaceae/紫葳科

原　产　地：原产于美洲热带地区。

国内分布：福建、广东、广西、海南、江西、四川。

中　文　名：炮仗花

学　　名：*Pyrostegia venusta*（Ker Gawl.）Miers

分类地位：Bignoniaceae/紫葳科

原　产　地：原产于巴西、阿根廷、玻利维亚和巴拉圭。

国内分布：福建、广东、广西、海南、香港、湖南、澳门、上海、台湾、
云南。

中　文　名：火焰树

学　　名：*Spathodea campanulata* P. Beauv.

分类地位：Bignoniaceae/紫葳科

原　产　地：原产于非洲热带地区。

国内分布：福建、广东、河北、河南、香港、澳门、台湾、云南（西双版纳）。

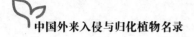 Verbenaceae/ 马鞭草科

★中文名：假连翘

别　　名：番仔刺、篱笆树、金露花、洋刺

学　　名：*Duranta erecta* L.

分类地位：Verbenaceae/ 马鞭草科

原　产　地：原产于美洲，从美国佛罗里达州到巴西和西印度群岛。

国内分布：重庆、福建、广东、广西、海南、湖南、江西、香港、澳门、山东、山西、四川、上海、台湾、云南、浙江。

★中文名：马缨丹

别　　名：五色梅、五彩花、如意草

学　　名：*Lantana camara* L.

分类地位：Verbenaceae/ 马鞭草科

原　产　地：原产于美洲热带地区。

国内分布：安徽、北京、重庆、福建、甘肃、广东、广西、贵州、海南、河北、河南、香港、湖北、湖南、江苏、江西、澳门、陕西、山东、上海、山西、四川、台湾、天津、云南、浙江。

★中文名：蔓马缨丹

别　　名：紫花马缨丹

学　　名：*Lantana montevidensis*（Spreng.）Briq.

分类地位：Verbenaceae/ 马鞭草科

原　产　地：原产于拉丁美洲。

国内分布：澳门、福建、广东、广西、海南、江西、上海、台湾、云南。

★中文名：南假马鞭

别　　名：白花假马鞭

学　　名：*Stachytarpheta australis* Moldenke

分类地位：Verbenaceae/ 马鞭草科

原 产 地：原产于古巴、墨西哥南部、秘鲁、阿根廷。

国内分布：广西。

★中文名：荨麻叶假马鞭

别　　名：蓝蝶猿尾木

学　　名：*Stachytarpheta cayennensis*（Rich.）Vahl

分类地位：Verbenaceae/ 马鞭草科

原 产 地：原产于中美洲、南美洲。

国内分布：台湾、海南。

★中文名：假马鞭草

别　　名：四棱草、假败酱、铁马鞭、玉龙鞭、大种马鞭

学　　名：*Stachytarpheta jamaicensis*（L.）Vahl

分类地位：Verbenaceae/ 马鞭草科

原 产 地：原产于美国佛罗里达州、加勒比地区。

国内分布：重庆、福建、广东、广西、海南、河北、香港、澳门、台湾、云南。

★中文名：柳叶马鞭草

别　　名：南美马鞭草、长茎马鞭草

学　　名：*Verbena bonariensis* L.

分类地位：Verbenaceae/ 马鞭草科

原 产 地：原产于南美洲热带地区的大部分温暖地区，从哥伦比亚、巴西到阿根廷和智利。

国内分布：安徽、北京、重庆、福建、广东、香港、江西、上海、四川、台湾。

★中文名：长苞马鞭草

学　　名：*Verbena bracteata* Lag. & Rodr.

分类地位：Verbenaceae/马鞭草科

原 产 地：原产于北美洲。

国内分布：广东、辽宁。

★中文名：狭叶马鞭草

别　　名：巴西马鞭草

学　　名：*Verbena brasiliensis* Vell.

分类地位：Verbenaceae/马鞭草科

原 产 地：原产于南美洲。

国内分布：福建、广东、江西、上海、台湾、浙江。

★中文名：白毛马鞭草

学　　名：*Verbena stricta* Vent.

分类地位：Verbenaceae/马鞭草科

原 产 地：原产于美国中部的广大地区。

国内分布：辽宁。

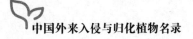

Martyniaceae/角胡麻科

★中文名：角胡麻

学　　名：*Martynia annua* L.

分类地位：Martyniaceae/角胡麻科

原 产 地：原产于美洲热带地区。

国内分布：云南。

🦋 Campanulaceae/桔梗科

★中文名：马醉草

别　　名：许氏草、长星花

学　　名：*Hippobroma longiflora*（L.）G. Don

分类地位：Campanulaceae/桔梗科

原 产 地：原产于西印度群岛的特有种。

国内分布：广东、香港、台湾。

中 文 名：克氏半边莲

学　　名：*Lobelia cliffortiana* L.

分类地位：Campanulaceae/桔梗科

原 产 地：原产于美洲热带地区。

国内分布：台湾。

中 文 名：美国山梗菜

学　　名：*Lobelia siphilitica* L.

分类地位：Campanulaceae/桔梗科

原 产 地：原产于北美洲东部。

国内分布：江西。

★中文名：异檐花

别　　名：穿叶异檐花

学　　名：*Triodanis perfoliata*（L.）Nieuwl.

分类地位：Campanulaceae/桔梗科

原 产 地：原产于美洲，从加拿大到阿根廷。

国内分布：安徽、福建、湖南、江西、台湾、浙江。

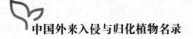

Asteraceae/菊科

★中文名：刺苞果

别　　名：硬毛刺苞菊

学　　名：*Acanthospermum hispidum* DC.

分类地位：Asteraceae/菊科

原 产 地：原产于南美洲。

国内分布：北京、福建、广东、广西、海南、香港、四川、云南。

中 文 名：短舌花金纽扣

学　　名：*Acmella brachyglossa* Cassini

分类地位：Asteraceae/菊科

原 产 地：原产于加勒比海和南美洲。

国内分布：台湾。

★中文名：天文草

学　　名：*Acmella ciliata*（Kunth）Cass.

分类地位：Asteraceae/菊科

原 产 地：原产于南美洲。

国内分布：广西、台湾。

★中文名：桂圆菊

别　　名：千里眼、千日菊、金纽扣、印度金纽扣、铁拳头

学　　名：*Acmella oleracea*（L.）R. K. Jansen

分类地位：Asteraceae/菊科

原 产 地：原产于巴西和秘鲁。

国内分布：台湾。

中 文 名：百花金纽扣

学　　名：*Acmella radicans* var. *debilis*（Kunth）R. K. Jansen

分类地位：Asteraceae/ 菊科

原 产 地：原产于南美洲和西印度群岛。

国内分布：安徽、浙江。

★中文名：沼生金纽扣

学　　名：*Acmella uliginosa*（Sw.）Cass.

分类地位：Asteraceae/ 菊科

原 产 地：原产于南美洲。

国内分布：香港、台湾。

★中文名：破坏草

别　　名：解放草

学　　名：*Ageratina adenophora*（Sprengel）R. M. King & H. Robinson

分类地位：Asteraceae/ 菊科

原 产 地：原产于美洲热带地区。

国内分布：广西、贵州、四川、台湾、云南、重庆。

★中文名：泽假藿香蓟

学　　名：*Ageratina riparia*（Regel）R. M. King & H. Rob.

分类地位：Asteraceae/ 菊科

原 产 地：原产于美洲热带地区。

国内分布：台湾。

★中文名：藿香蓟

别　　名：胜红蓟

学　　名：*Ageratum conyzoides* L.

分类地位：Asteraceae/ 菊科

原 产 地：原产于美洲热带地区。

国内分布：安徽、北京、重庆、福建、广东、广西、贵州、海南、河北、黑龙江、河南、香港、湖北、湖南、江苏、江西、澳门、陕西、山东、上海、四川、台湾、天津、西藏、云南、浙江。

★中文名：熊耳草

别　　名：大花藿香蓟、新叶藿香蓟、墨西哥胜红蓟

学　　名：*Ageratum houstonianum* Mill.

分类地位：Asteraceae/菊科

原 产 地：原产于美洲热带地区。

国内分布：安徽、北京、重庆、福建、广东、广西、贵州、海南、河北、黑龙江、河南、香港、湖南、江苏、江西、辽宁、澳门、陕西、山东、上海、四川、台湾、天津、西藏、云南、浙江。

中 文 名：珀菊

别　　名：香矢车菊

学　　名：*Amberboa moschata*（L.）Candolle

分类地位：Asteraceae/菊科

原 产 地：原产于亚洲西南部。

国内分布：甘肃、江苏、江西。

★中文名：豚草

别　　名：普通豚草、艾叶破布草、美洲艾

学　　名：*Ambrosia artemisiifolia* L.

分类地位：Asteraceae/菊科

原 产 地：原产于北美洲。

国内分布：安徽、北京、福建、广东、广西、贵州、河北、黑龙江、河南、湖北、湖南、江苏、江西、吉林、辽宁、内蒙古、陕西、山东、上海、山西、四川、台湾、天津、西藏、云南、浙江。

★中文名：多年生豚草

别　　名：裸穗猪草、裸穗豚草

学　　名：*Ambrosia psilostachya* DC.

分类地位：Asteraceae/菊科

原 产 地：原产于北美洲。

国内分布：北京、江苏、台湾。

★中文名：三裂叶豚草

别　　名：大破布草

学　　名：*Ambrosia trifida* L.

分类地位：Asteraceae/菊科

原 产 地：原产于北美洲。

国内分布：安徽、北京、福建、广东、广西、河北、黑龙江、河南、湖北、湖南、江苏、江西、吉林、辽宁、内蒙古、陕西、山东、上海、四川、天津、浙江。

★中文名：田春黄菊

别　　名：刺甘菊、野春黄菊

学　　名：*Anthemis arvensis* L.

分类地位：Asteraceae/菊科

原 产 地：原产于欧洲和亚洲西部。

国内分布：江苏、吉林、辽宁、山东、四川。

中 文 名：臭春黄菊

学　　名：*Anthemis cotula* L.

分类地位：Asteraceae/菊科

原 产 地：原产于非洲北部、亚洲西南部和欧洲。

国内分布：福建、内蒙古。

中 文 名：春黄菊

别　　名：洋甘菊、苹果菊

学　　名：*Anthemis tinctoria* L.

分类地位：Asteraceae/菊科

原 产 地：原产于欧洲、地中海地区和亚洲西部。

国内分布：北京、福建、甘肃、黑龙江、河南、湖北、吉林、辽宁、陕西、上海、四川、新疆、云南。

中 文 名：木茼蒿

别　　名：木菊

学　　名：*Argyranthemum frutescens*（L.）Sch. -Bip.

分类地位：Asteraceae/菊科

原 产 地：原产于加那利群岛。

国内分布：北京、重庆、福建、广西、贵州、湖北、江苏、上海、山西、四川、台湾、云南。

中 文 名：丝叶沙蒿

学　　名：*Artemisia filifolia* Torr.

分类地位：Asteraceae/菊科

原 产 地：原产于地中海地区。

国内分布：安徽、北京、重庆、福建、甘肃、广东、广西、贵州、海南、香港、湖北、湖南、江苏、江西、吉林、辽宁、内蒙古、陕西、山东、上海、山西、四川、天津、新疆、云南、浙江。

★中文名：钻叶紫菀

别　　名：钻形紫菀、窄叶紫菀、美洲紫菀

学　　名：*Aster subulatus*（Michx.）G. L. Nesom

分类地位：Asteraceae/菊科

原 产 地：原产于北美洲。

国内分布：安徽、福建、广东、广西、贵州、河南、湖北、湖南、江苏、江西、青海、山东、云南、浙江、重庆、台湾。

★中文名：南泽兰

别　　名：假泽兰

学　　名：*Austroeupatorium inulifolium*（Kunth）R. M. King & H. Rob.

分类地位：Asteraceae/菊科

原　产　地：原产于南美洲。

国内分布：台湾。

★中文名：白花鬼针草

别　　名：大花咸丰草

学　　名：*Bidens alba* L.

分类地位：Asteraceae/菊科

原　产　地：原产于美国佛罗里达州、南美洲和西印度群岛。

国内分布：安徽、福建、广东、广西、贵州、海南、河南、香港、湖北、江西、澳门、陕西、四川、台湾。

★中文名：婆婆针

别　　名：鬼针草、鬼钗草

学　　名：*Bidens bipinnata* L.

分类地位：Asteraceae/菊科

原　产　地：可能原产于东亚和北美。

国内分布：安徽、北京、重庆、福建、甘肃、广东、广西、贵州、河北、黑龙江、河南、香港、湖北、湖南、江苏、江西、吉林、辽宁、澳门、内蒙古、青海、陕西、山东、上海、山西、四川、台湾、天津、西藏、云南、浙江。

★中文名：大狼把草

别　　名：接力草、外国脱力草

学　　名：*Bidens frondosa* L.

分类地位：Asteraceae/菊科

原　产　地：原产于北美洲。

国内分布：安徽、北京、重庆、福建、广东、广西、贵州、海南、河北、

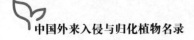

黑龙江、河南、湖北、湖南、江苏、江西、吉林、辽宁、陕西、山东、上海、四川、台湾、云南、浙江。

★中文名：三叶鬼针草

别　　名：鬼针草

学　　名：*Bidens pilosa* L.

分类地位：Asteraceae/菊科

原 产 地：原产于美洲。

国内分布：安徽、北京、重庆、福建、甘肃、广东、广西、贵州、海南、河北、黑龙江、河南、香港、湖北、湖南、江苏、江西、辽宁、澳门、陕西、山东、上海、山西、四川、台湾、西藏、云南、浙江。

★中文名：南美鬼针草

别　　名：鬼针草

学　　名：*Bidens subalternans* DC.

分类地位：Asteraceae/菊科

原 产 地：原产于巴西、阿根廷、哥伦比亚、玻利维亚、巴拉圭和古巴。

国内分布：江苏。

★中文名：多苞狼杷草

学　　名：*Bidens vulgata* Greene

分类地位：Asteraceae/菊科

原 产 地：原产于美国。

国内分布：北京、河北、吉林、江苏、辽宁、上海。

中 文 名：紫花松果菊

别　　名：紫松果菊、紫锥菊

学　　名：*Brauneria purpurea*（L.）Moench

分类地位：Asteraceae/菊科

原 产 地：原产于北美洲。

国内分布：北京、江西、河北。

★中文名：金腰箭舅
学　　名：*Calyptocarpus vialis* Less.
分类地位：Asteraceae/菊科
原 产 地：原产于古巴、墨西哥和美国得克萨斯州。
国内分布：台湾、云南。

中 文 名：红花
学　　名：*Carthamus tinctorius* L.
分类地位：Asteraceae/菊科
原 产 地：可能原产于亚洲西部。
国内分布：安徽、重庆、福建、甘肃、广西、贵州、河北、黑龙江、香港、湖北、湖南、江苏、江西、吉林、辽宁、内蒙古、青海、陕西、山东、上海、山西、四川、天津、新疆、西藏、云南、浙江。

★中文名：矢车菊
别　　名：蓝芙蓉
学　　名：*Centaurea cyanus* L.
分类地位：Asteraceae/菊科
原 产 地：原产于欧洲。
国内分布：安徽、重庆、福建、甘肃、广东、广西、海南、河北、黑龙江、河南、湖北、河南、江苏、江西、青海、上海、陕西、山东、上海、山西、四川、天津、新疆、西藏、云南、浙江。

★中文名：铺散矢车菊
学　　名：*Centaurea diffusa* Lam.
分类地位：Asteraceae/菊科
原 产 地：原产于亚洲西南部和欧洲。
国内分布：辽宁。

中 文 名：斑点矢车菊

学　　名：*Centaurea maculosa* Lam.

分类地位：Asteraceae/ 菊科

原 产 地：原产于欧洲。

国内分布：云南。

中 文 名：黄色星蓟

学　　名：*Centaurea solstitialis* L.

分类地位：Asteraceae/ 菊科

原 产 地：原产于地中海盆地一带。

国内分布：新疆。

★中文名：菲律宾纽扣花

别　　名：蓝冠菊

学　　名：*Centratherum punctatum* subsp. *fruticosum*（S. Vidal）K. Kirkman ex S. H. Chen, M. J. Wu & S. M. Li

分类地位：Asteraceae/ 菊科

原 产 地：原产于菲律宾。

国内分布：台湾、云南。

★中文名：飞机草

别　　名：香泽兰、先锋草

学　　名：*Chromolaena odorata*（L.）R. M. King & H. Rob.

分类地位：Asteraceae/ 菊科

原 产 地：原产于墨西哥。

国内分布：福建、广东、贵州、海南、香港、湖南、江西、澳门、四川、台湾、云南。

★中文名：菊苣

别　　名：欧洲菊苣

学　　名：*Cichorium intybus* L.

分类地位：Asteraceae/菊科

原　产　地：原产于欧洲、非洲北部、亚洲西部和亚洲中部。

国内分布：安徽、北京、广东、贵州、河北、黑龙江、河南、湖北、湖南、江苏、江西、辽宁、陕西、山东、山西、四川、台湾、新疆、西藏。

中　文　名：苏里南野菊

学　　名：*Clibadium surinamense* L.

分类地位：Asteraceae/菊科

原　产　地：原产于并广泛分布于南美洲。

国内分布：台湾。

★中文名：香丝草

别　　名：草蒿、黄蒿、黄蒿子、灰绿白酒草、美洲假蓬、野塘蒿

学　　名：*Conyza bonariensis* L.

分类地位：Asteraceae/菊科

原　产　地：原产于南美洲。

国内分布：安徽、北京、重庆、福建、甘肃、广东、广西、海南、河北、河南、香港、湖北、湖南、江苏、江西、辽宁、澳门、青海、陕西、山东、上海、四川、台湾、西藏、云南、浙江。

★中文名：小蓬草

别　　名：飞蓬、加拿大飞蓬、加拿大蓬、小白酒草、小飞蓬

学　　名：*Conyza canadensis* L.

分类地位：Asteraceae/菊科

原　产　地：原产于北美洲。

国内分布：安徽、北京、重庆、福建、甘肃、广东、广西、贵州、海南、河北、黑龙江、河南、香港、湖北、湖南、江苏、江西、辽宁、澳门、内蒙古、青海、陕西、山东、上海、山西、四川、台湾、天津、新疆、西藏、云南、浙江。

★中文名：苏门白酒草

别　　名：野桐蒿

学　　名：*Conyza sumatrensis* Retz.

分类地位：Asteraceae/菊科

原 产 地：原产于南美洲。

国内分布：安徽、重庆、福建、甘肃、广东、广西、贵州、海南、河南、香港、湖北、湖南、江苏、江西、陕西、山东、上海、四川、台湾、西藏、云南、浙江。

中 文 名：金鸡菊

学　　名：*Coreopsis basalis*（A. Dietr.）S. F. Blake

分类地位：Asteraceae/菊科

原 产 地：原产于北美洲。

国内分布：安徽、重庆、广西、河南、湖北、江苏、江西、上海、浙江。

★中文名：大花金鸡菊

别　　名：波斯菊

学　　名：*Coreopsis grandiflora* Hogg ex Sweet

分类地位：Asteraceae/菊科

原 产 地：原产于北美洲。

国内分布：安徽、福建、河南、湖南、江苏、江西、陕西、山东、上海、四川、新疆、云南、浙江。

★中文名：线叶金鸡菊

别　　名：大金鸡菊、剑叶波斯菊

学　　名：*Coreopsis lanceolata* L.

分类地位：Asteraceae/菊科

原 产 地：原产于北美洲。

国内分布：安徽、北京、重庆、福建、广东、广西、贵州、海南、河北、黑龙江、河南、湖北、湖南、江苏、江西、辽宁、青海、陕西、山东、上海、山西、四川、天津、云南、浙江。

★中文名：蛇目菊

别　　名：波斯菊

学　　名：*Coreopsis tinctoria* Nutt.

分类地位：Asteraceae/菊科

原 产 地：原产于北美洲。

国内分布：安徽、北京、福建、广东、广西、贵州、海南、河北、黑龙江、河南、湖北、湖南、江苏、江西、澳门、内蒙古、陕西、山东、上海、山西、四川、台湾、天津、新疆、云南、浙江。

★中文名：秋英

别　　名：大波斯菊

学　　名：*Cosmos bipinnatus* Cav.

分类地位：Asteraceae/菊科

原 产 地：原产于墨西哥。

国内分布：安徽、北京、重庆、福建、甘肃、广东、广西、贵州、海南、河北、黑龙江、河南、湖北、湖南、江苏、江西、吉林、辽宁、澳门、内蒙古、宁夏、青海、陕西、山东、上海、山西、四川、台湾、天津、新疆、西藏、云南、浙江。

★中文名：硫磺菊

别　　名：硫黄菊、黄秋英

学　　名：*Cosmos sulphureus* Cav.

分类地位：Asteraceae/菊科

原 产 地：原产于墨西哥。

国内分布：安徽、北京、福建、广东、广西、贵州、海南、河北、河南、湖北、湖南、江苏、江西、陕西、山东、山西、四川、台湾、天津、新疆、云南、浙江。

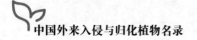

★中文名：南方山芫荽

别　　名：南方山胡荽

学　　名：*Cotula australis*（Sieber ex Spreng.）Hook. f

分类地位：Asteraceae/菊科

原　产　地：原产于澳大利亚和新西兰。

国内分布：台湾。

★中文名：野茼蒿

别　　名：革命菜、昭和草、安南草

学　　名：*Crassocephalum crepidioides*（Benth.）S. Moore

分类地位：Asteraceae/菊科

原　产　地：原产于非洲热带地区。

国内分布：安徽、北京、重庆、福建、甘肃、广东、广西、贵州、海南、河南、香港、湖北、湖南、江苏、江西、辽宁、澳门、陕西、上海、四川、台湾、西藏、云南、浙江。

★中文名：蓝花野茼蒿

学　　名：*Crassocephalum rubens*（B. Juss. ex Jacq.）S. Moore

分类地位：Asteraceae/菊科

原　产　地：原产于非洲、亚洲西南部和印度洋群岛。

国内分布：广东、广西、云南。

★中文名：屋根草

别　　名：还阳参

学　　名：*Crepis tectorum* L.

分类地位：Asteraceae/菊科

原　产　地：原产于欧洲。

国内分布：黑龙江、吉林、内蒙古、新疆。

★中文名：假苍耳

学　　名：*Cyclachaena xanthiifolia*（Nutt.）Fresen.

分类地位：Asteraceae/菊科

原 产 地：原产于北美洲。

国内分布：黑龙江、吉林、辽宁、山东。

★中文名：百花地胆草

别　　名：白花地胆头、绒毛地胆草

学　　名：*Elephantopus tomentosus* L.

分类地位：Asteraceae/菊科

原 产 地：原产于北美洲。

国内分布：福建、广东、广西、海南、香港、湖南、江西、澳门、台湾、浙江。

★中文名：离药金腰箭

学　　名：*Eleutheranthera ruderalis*（Sw.）Sch. -Bip.

分类地位：Asteraceae/菊科

原 产 地：原产于美洲热带地区。

国内分布：海南、台湾。

★中文名：黄花紫背草

学　　名：*Emilia praetermissa* Milne-Redh.

分类地位：Asteraceae/菊科

原 产 地：原产于非洲。

国内分布：台湾北部。

★中文名：梁子菜

别　　名：饥荒草、美洲菊芹

学　　名：*Erechtites hieraciifolius*（L.）Raf. ex DC.

分类地位：Asteraceae/菊科

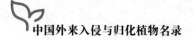

原　产　地：原产于美洲。

国内分布：福建、广东、广西、贵州、海南、湖北、湖南、四川、台湾、云南、浙江。

★中文名：裂叶菊芹

别　　名：败酱叶菊芹

学　　名：*Erechtites valerianifolius*（Link ex Spreng.）DC.

分类地位：Asteraceae/菊科

原　产　地：原产于美洲热带地区。

国内分布：台湾、广东、海南、广西、云南。

★中文名：一年蓬

别　　名：白顶飞蓬、治疟草

学　　名：*Erigeron annuus*（L.）Pers.

分类地位：Asteraceae/菊科

原　产　地：原产于美洲东部。

国内分布：安徽、北京、重庆、福建、甘肃、广东、广西、贵州、海南、河北、黑龙江、河南、湖北、湖南、江苏、江西、吉林、辽宁、内蒙古、宁夏、陕西、山东、上海、四川、台湾、天津、新疆、西藏、云南、浙江。

★中文名：类雏菊飞蓬

学　　名：*Erigeron bellioides* DC.

分类地位：Asteraceae/菊科

原　产　地：原产于加勒比海的大安的列斯群岛。

国内分布：台湾、浙江。

★中文名：加勒比飞蓬

学　　名：*Erigeron karvinskianus* DC.

分类地位：Asteraceae/菊科

原　产　地：原产于北美洲和美洲热带地区。

国内分布：香港。

★中文名：春飞蓬

别　　名：费城飞蓬、春一年蓬

学　　名：*Erigeron philadelphicus* L.

分类地位：Asteraceae/菊科

原　产　地：原产于北美洲。

国内分布：安徽、贵州、江苏、江西、上海、四川、浙江。

中　文　名：美丽飞蓬

学　　名：*Erigeron speciosus*（Lindl.）DC.

分类地位：Asteraceae/菊科

原　产　地：原产于北美洲。

国内分布：浙江。

★中文名：糙伏毛飞蓬

学　　名：*Erigeron strigosus* Muhl. ex Willd.

分类地位：Asteraceae/菊科

原　产　地：原产于北美洲。

国内分布：安徽、福建、河北、河南、湖南、江苏、江西、吉林、山东、上海、山西、四川、西藏、浙江。

中　文　名：大麻叶泽兰

学　　名：*Eupatorium cannabinum* L.

分类地位：Asteraceae/菊科

原　产　地：原产于欧洲。

国内分布：安徽、广东、广西、贵州、河南、湖北、江苏、江西、台湾、西藏、云南、浙江。

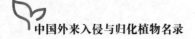

★中文名：黄顶菊

别　　名：二齿黄菊

学　　名：*Flaveria bidentis*（L.）Kuntze

分类地位：Asteraceae/菊科

原　产　地：原产于南美洲。

国内分布：北京、福建、海南、河北、河南、湖南、江西、内蒙古、山东、台湾、天津。

中　文　名：线叶黄顶菊

学　　名：*Flaveria linearis* Lag.

分类地位：Asteraceae/菊科

原　产　地：原产于北美洲南部和美洲热带的部分地区。

国内分布：台湾。

中　文　名：宿根天人菊

别　　名：车轮菊、大天人菊、荔枝菊

学　　名：*Gaillardia aristata* Pursh

分类地位：Asteraceae/菊科

原　产　地：原产于北美洲。

国内分布：安徽、北京、福建、广东、广西、河南、湖北、澳门、四川、浙江。

★中文名：天人菊

别　　名：虎皮菊、忠心菊

学　　名：*Gaillardia pulchella* Foug.

分类地位：Asteraceae/菊科

原　产　地：原产于北美洲。

国内分布：安徽、北京、重庆、福建、甘肃、广东、广西、贵州、海南、河北、黑龙江、河南、香港、湖北、湖南、江苏、江西、辽宁、内蒙古、陕西、山东、上海、台湾、天津、新疆、西藏、云南、浙江。

★中文名：牛膝菊

别　　名：辣子草、向阳花、小米菊

学　　名：*Galinsoga parviflora* Cav.

分类地位：Asteraceae/菊科

原 产 地：原产于南美洲。

国内分布：安徽、北京、重庆、福建、甘肃、广东、广西、贵州、海南、河北、黑龙江、河南、香港、湖北、湖南、江苏、江西、吉林、辽宁、澳门、内蒙古、陕西、山东、上海、山西、四川、台湾、天津、新疆、西藏、云南、浙江。

★中文名：粗毛牛膝菊

别　　名：粗毛辣子草、粗毛小米菊、睫毛牛膝菊、珍珠草

学　　名：*Galinsoga quadriradiata* Ruiz & Pav.

分类地位：Asteraceae/菊科

原 产 地：原产于墨西哥中部。

国内分布：安徽、北京、重庆、福建、广东、广西、贵州、河北、黑龙江、湖北、江苏、江西、吉林、辽宁、陕西、山西、上海、四川、台湾、新疆、云南、浙江。

中 文 名：直茎合冠鼠麹草

学　　名：*Gamochaeta calviceps*（Fernald）Cabrera

分类地位：Asteraceae/菊科

原 产 地：可能原产于南美洲。

国内分布：台湾。

★中文名：里白合冠鼠麹草

别　　名：里白鼠曲草

学　　名：*Gamochaeta coarctata*（Willd.）Kerguélen

分类地位：Asteraceae/菊科

原 产 地：原产于南美洲。

国内分布：贵州、台湾。

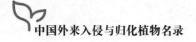

★中文名：匙叶鼠麹草

学　　名：*Gamochaeta pensylvanica* Willd.

分类地位：Asteraceae/菊科

原 产 地：原产于美洲。

国内分布：福建、广东、广西、贵州、海南、湖南、江西、四川、台湾、西藏、云南、浙江。

★中文名：合冠鼠麹草

别　　名：合缨鼠麹草、鼠麹舅

学　　名：*Gamochaeta purpurea*（L.）Cabrera

分类地位：Asteraceae/菊科

原 产 地：原产于北美洲。

国内分布：香港、台湾。

中 文 名：蒿子杆

别　　名：小茼蒿

学　　名：*Glebionis carinata*（Schousb.）Tzvelev

分类地位：Asteraceae/菊科

原 产 地：原产于非洲西北部。

国内分布：安徽、北京、重庆、广东、贵州、海南、河北、黑龙江、河南、湖北、湖南、江苏、吉林、辽宁、内蒙古、青海、山东、上海、四川、天津、新疆、西藏、浙江。

中 文 名：茼蒿

别　　名：割谷花、春菊、蓬蒿

学　　名：*Glebionis coronaria*（L.）Cass. ex Spach

分类地位：Asteraceae/菊科

原 产 地：原产于地中海地区。

国内分布：安徽、北京、重庆、福建、甘肃、广东、广西、贵州、海南、河北、河南、香港、湖北、湖南、江苏、江西、吉林、辽宁、内蒙古、陕西、山东、上海、山西、四川、天津、新疆、云南、浙江。

中 文 名：南茼蒿
学　　名：*Glebionis segetum*（L.）Fourr.
分类地位：Asteraceae/菊科
原 产 地：原产于地中海地区。
国内分布：安徽、北京、福建、广东、广西、贵州、海南、香港、湖北、湖南、江苏、江西、澳门、山东、上海、四川、云南、浙江。

★中文名：胶菀
别　　名：胶草
学　　名：*Grindelia squarrosa*（Pursh）Dunal
分类地位：Asteraceae/菊科
原 产 地：原产于北美洲西部。
国内分布：辽宁。

★中文名：裸冠菊
别　　名：光冠水菊
学　　名：*Gymnocoronis spilanthoides*（D. Don ex Hook. & Arn.）DC.
分类地位：Asteraceae/菊科
原 产 地：原产于南美洲。
国内分布：广东、广西、江西、四川、台湾、云南、浙江。

★中文名：堆心菊
别　　名：喷嚏菊、秘丝菊
学　　名：*Helenium autumnale* L.
分类地位：Asteraceae/菊科
原 产 地：原产于北美洲。
国内分布：安徽、福建、广东、广西、贵州、河北、湖北、湖南、江苏、江西、上海、浙江。

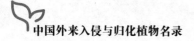
中 文 名：比格堆心菊

学　　名：*Helenium bigelovii* A. Gray

分类地位：Asteraceae/菊科

原 产 地：原产于北美洲。

国内分布：广东、广西、贵州、湖北、江苏。

★中文名：弯曲堆心菊

学　　名：*Helenium flexuosum* Raf.

分类地位：Asteraceae/菊科

原 产 地：原产于美国。

国内分布：上海、江西。

中 文 名：美丽向日葵

学　　名：*Helianthus laetiflorus* Pers.

分类地位：Asteraceae/菊科

原 产 地：原产于北美洲。

国内分布：北京、江苏、江西、陕西。

中 文 名：瓜叶葵

别　　名：小向日葵

学　　名：*Helianthus debilis* subsp. *cucumerifolius*（Torr. & A. Gray）Heiser

分类地位：Asteraceae/菊科

原 产 地：原产于北美洲。

国内分布：北京、贵州、河南、湖南、陕西、上海、台湾、浙江。

★中文名：菊芋

别　　名：地姜、鬼仔姜、洋姜、洋生姜

学　　名：*Helianthus tuberosus* L.

分类地位：Asteraceae/菊科

原 产 地：原产于北美洲。

国内分布：安徽、北京、重庆、福建、甘肃、广东、广西、贵州、海南、河北、黑龙江、河南、湖北、湖南、江苏、江西、吉林、辽宁、青海、陕西、山东、上海、山西、四川、天津、新疆、云南、浙江。

★中文名：白花猫儿菊

学　　名：*Hypochaeris albiflora*（Kuntze）Azevêdo-Gonc. & Matzenb.

分类地位：Asteraceae/菊科

原　产　地：原产于南美洲东南部。

国内分布：台湾、云南。

★中文名：智利猫儿菊

学　　名：*Hypochaeris chillensis*（Kunth）Britton

分类地位：Asteraceae/菊科

原　产　地：原产于南美洲东南部。

国内分布：台湾北部。

★中文名：光猫儿菊

学　　名：*Hypochaeris glabra* L.

分类地位：Asteraceae/菊科

原　产　地：原产于非洲北部、欧洲和中东。

国内分布：台湾西部。

★中文名：假蒲公英猫儿菊

别　　名：猫儿菊

学　　名：*Hypochaeris radicata* L.

分类地位：Asteraceae/菊科

原　产　地：原产于非洲北部和欧洲。

国内分布：福建、湖南、台湾、云南、浙江。

中　文　名：小花假苍耳

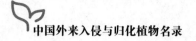
学　　名：*Iva axillaris* Pursh

分类地位：Asteraceae/ 菊科

原 产 地：原产于北美洲。

国内分布：天津。

★中文名：毒莴苣

别　　名：刺莴苣、欧洲山莴苣

学　　名：*Lactuca serriola* L.

分类地位：Asteraceae/ 菊科

原 产 地：原产于中亚、西亚、北非、欧洲。

国内分布：新疆（野生）、辽宁、浙江。

中 文 名：单花葵

学　　名：*Lagascea mollis* Cav.

分类地位：Asteraceae/ 菊科

原 产 地：可能原产于美洲热带地区。

国内分布：香港。

★中文名：糙毛狮齿菊

别　　名：野莴苣、黄花莴苣、锯齿莴苣

学　　名：*Leontodon hispidus* L.

分类地位：Asteraceae/ 菊科

原 产 地：原产于欧洲、高加索和亚洲西部。

国内分布：山东。

★中文名：滨菊

别　　名：白花菊、法国菊、牛眼菊、西洋菊、延命菊

学　　名：*Leucanthemum vulgare* Lam.

分类地位：Asteraceae/ 菊科

原 产 地：原产于欧洲，东到亚洲中部。

国内分布：安徽、重庆、福建、甘肃、广东、河北、河南、香港、湖北、湖南、江苏、江西、青海、上海、台湾、云南、浙江。

中 文 名：方茎卤地菊
学　　名：*Melanthera nivea*（L.）Small
分类地位：Asteraceae/菊科
原 产 地：原产于美洲热带地区。
国内分布：台湾。

★中文名：薇甘菊
别　　名：蔓菊、米干草、山瑞香、假泽兰、小花蔓泽兰
学　　名：*Mikania micrantha* Kunth
分类地位：Asteraceae/菊科
原 产 地：原产于加勒比海、南美洲和墨西哥。
国内分布：福建、广东、广西、贵州、海南、香港、湖南、江西、澳门、四川、台湾、西藏、云南。

中 文 名：灰白银胶菊
学　　名：*Parthenium argentatum* A. Gray
分类地位：Asteraceae/菊科
原 产 地：原产于美洲。
国内分布：广东、广西、云南。

★中文名：银胶菊
别　　名：美洲银胶菊
学　　名：*Parthenium hysterophorus* L.
分类地位：Asteraceae/菊科
原 产 地：原产于美洲热带地区。
国内分布：重庆、福建、广东、广西、贵州、海南、河北、香港、湖南、江苏、江西、澳门、四川、山东、台湾、云南。

★中文名：伏生香檬菊

学　　名：*Pectis prostrata* Cav.

分类地位：Asteraceae/菊科

原 产 地：原产于加勒比海、墨西哥和美国南部。

国内分布：台湾。

★中文名：美洲阔苞菊

别　　名：斑鸠菊、苦膽茶

学　　名：*Pluchea carolinensis*（Jacq.）G. Don

分类地位：Asteraceae/菊科

原 产 地：原产于墨西哥、加勒比海大部分岛屿和南美洲北部。

国内分布：台湾。

★中文名：翼茎阔苞菊

学　　名：*Pluchea sagittalis*（Lam.）Cabrera

分类地位：Asteraceae/菊科

原 产 地：原产于美洲。

国内分布：福建、广东、广西、海南、台湾。

★中文名：点叶菊

别　　名：蓖蓖洛

学　　名：*Porophyllum ruderale*（Jacq.）Cass.

分类地位：Asteraceae/菊科

原 产 地：原产于美国西南部、墨西哥、西印度群岛。

国内分布：广东。

★中文名：假臭草

别　　名：猫腥菊

学　　名：*Praxelis clematidea*（Hieronymus ex Kuntze）R. M. King & H. Rob.

分类地位：Asteraceae/菊科

原 产 地：原产于阿根廷北部、巴西南部、玻利维亚、巴拉圭和秘鲁。

国内分布：福建、广东、广西、贵州、海南、香港、江西、澳门、四川、台湾、云南、浙江。

中 文 名：锯叶猫腥草

学　　名：*Praxelis pauciflora*（Kunth）R. M. King & H. Rob.

分类地位：Asteraceae/菊科

原 产 地：原产于北美洲。

国内分布：台湾北部。

★中文名：假地胆草

学　　名：*Pseudelephantopus spicatus*（B. Juss. ex Aubl.）C. F. Baker

分类地位：Asteraceae/菊科

原 产 地：原产于美洲热带地区。

国内分布：广东、香港、台湾。

中 文 名：大蒲公英舅

学　　名：*Pyrrhopappus carolinianus*（Walter）DC.

分类地位：Asteraceae/菊科

原 产 地：原产于美国。

国内分布：台湾。

中 文 名：黑心菊

学　　名：*Rudbeckia hirta* L.

分类地位：Asteraceae/菊科

原 产 地：原产于北美洲。

国内分布：北京、重庆、福建、甘肃、广东、广西、贵州、河南、湖北、湖南、江西、青海、陕西、山东、上海、山西、四川、云南、浙江。

中 文 名：金光菊

学　　名：*Rudbeckia laciniata* L.

分类地位：Asteraceae/菊科

原 产 地：原产于北美洲。

国内分布：安徽、北京、重庆、广西、海南、河北、黑龙江、湖北、湖南、江苏、江西、辽宁、内蒙古、上海、山西、四川、新疆、西藏、云南、浙江。

中 文 名：硬果菊

学　　名：*Sclerocarpus africanus* Jacq.

分类地位：Asteraceae/菊科

原 产 地：原产于非洲热带地区和亚洲。

国内分布：西藏。

中 文 名：窄叶黄菀

学　　名：*Senecio inaequidens* DC.

分类地位：Asteraceae/菊科

原 产 地：原产于南非南部。

国内分布：台湾。

★中文名：欧洲千里光

别　　名：欧千里光、欧洲狗舌草

学　　名：*Senecio vulgaris* L.

分类地位：Asteraceae/菊科

原 产 地：原产于欧洲。

国内分布：安徽、北京、重庆、福建、广西、贵州、河北、黑龙江、河南、香港、湖北、湖南、江苏、江西、吉林、辽宁、内蒙古、宁夏、陕西、山东、上海、山西、四川、台湾、新疆、西藏、云南、浙江。

★中文名：串叶松香草

别　　名：菊花草、杯草

学　　名：*Silphium perfoliatum* L.

分类地位：Asteraceae/菊科

原　产　地：原产于北美洲。

国内分布：安徽、北京、广西、甘肃、黑龙江、河南、湖北、湖南、江苏、江西、吉林、辽宁、陕西、山东、上海、山西、天津、新疆、浙江。

★中文名：水飞蓟

别　　名：白花水飞蓟、飞雉、老鼠筋

学　　名：*Silybum marianum*（L.）Gaertn.

分类地位：Asteraceae/菊科

原　产　地：原产于地中海地区、亚洲和俄罗斯部分地区。

国内分布：安徽、北京、福建、广西、河北、河南、江苏、江西、辽宁、山东、上海、四川、浙江。

★中文名：包果菊

别　　名：毛杯叶草

学　　名：*Smallanthus uvedalia*（L.）Mack.

分类地位：Asteraceae/菊科

原　产　地：原产于北美洲。

国内分布：安徽、江苏、上海、浙江。

★中文名：加拿大一枝黄花

别　　名：霸王花、白根草、北美一枝黄花、黄花草、金棒草、满山草

学　　名：*Solidago canadensis* L.

分类地位：Asteraceae/菊科

原　产　地：原产于北美洲。

国内分布：安徽、北京、重庆、福建、甘肃、广东、广西、贵州、海南、河北、河南、湖北、湖南、江苏、江西、吉林、辽宁、陕西、山东、上海、山西、四川、台湾、天津、新疆、云南、浙江。

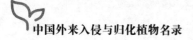

★中文名：裸柱菊

别　　名：假吐金菊、座地菊

学　　名：*Soliva anthemifolia*（Juss.）R. Br.

分类地位：Asteraceae/菊科

原 产 地：原产于南美洲。

国内分布：安徽、重庆、福建、广东、广西、贵州、海南、香港、湖南、江苏、江西、澳门、上海、四川、台湾、浙江。

中 文 名：翼子裸柱菊

学　　名：*Soliva pterosperma*（Juss.）Less.

分类地位：Asteraceae/菊科

原 产 地：原产于南美洲。

国内分布：上海、台湾。

★中文名：续断菊

别　　名：花叶滇苦菜

学　　名：*Sonchus asper* D. Don

分类地位：Asteraceae/菊科

原 产 地：原产于地中海地区。

国内分布：安徽、北京、重庆、福建、甘肃、广东、广西、贵州、海南、河北、黑龙江、河南、湖北、湖南、江苏、江西、吉林、辽宁、内蒙古、宁夏、青海、陕西、山东、上海、山西、四川、台湾、新疆、西藏、云南、浙江。

中 文 名：苦苣菜

别　　名：滇苦菜、田苦荬菜、尖叶苦菜

学　　名：*Sonchus oleraceus* L.

分类地位：Asteraceae/菊科

原 产 地：原产于地中海地区。

国内分布：安徽、北京、重庆、福建、甘肃、广东、广西、贵州、海南、河北、黑龙江、河南、香港、湖北、湖南、江苏、江西、吉林、辽宁、澳门、内蒙古、宁夏、青海、陕西、山东、上海、山西、四川、台湾、天津、新疆、西藏、云南、浙江。

★中文名：三裂蟛蜞菊

别　　名：美洲蟛蜞菊、三裂叶蟛蜞菊

学　　名：*Sphagneticola trilobata*（L.）Pruski

分类地位：Asteraceae/菊科

原 产 地：原产于美洲热带地区。

国内分布：福建、广东、广西、海南、香港、江西、辽宁、澳门、四川、台湾、云南、浙江。

中 文 名：尖苞紫菀

学　　名：*Symphyotrichum pilosum*（Willd.）G. L. Nesom

分类地位：Asteraceae/菊科

原 产 地：原产于北美洲东部。

国内分布：江苏。

★中文名：泽扫帚菊

学　　名：*Symphyotrichum subulatum*（Michx.）G. L. Nesom

分类地位：Asteraceae/菊科

原 产 地：原产于南美洲。

国内分布：台湾。

中 文 名：古巴紫菀

学　　名：*Symphyotrichum subulatum* var. *parviflorum*（Nees）S. D. Sundb.

分类地位：Asteraceae/菊科

原 产 地：原产于加勒比海岸。

国内分布：福建、广东。

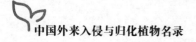

★中文名：金腰箭

别　　名：黑点旧

学　　名：*Synedrella nodiflora*（L.）Gaertn.

分类地位：Asteraceae/菊科

原 产 地：原产于美洲热带地区。

国内分布：重庆、福建、广东、广西、海南、香港、湖南、江西、澳门、上海、四川、台湾、云南、浙江。

★中文名：万寿菊

别　　名：臭芙蓉、臭菊花

学　　名：*Tagetes erecta* L.

分类地位：Asteraceae/菊科

原 产 地：原产于北美洲。

国内分布：安徽、北京、重庆、福建、广东、广西、贵州、海南、河北、黑龙江、河南、香港、湖北、湖南、江苏、江西、辽宁、澳门、内蒙古、陕西、山东、上海、山西、四川、天津、新疆、西藏、云南、浙江。

★中文名：印加孔雀草

别　　名：小花万寿菊、细花万寿菊

学　　名：*Tagetes minuta* L.

分类地位：Asteraceae/菊科

原 产 地：原产于南美洲南部。

国内分布：北京、江苏、江西、山东、台湾、西藏。

★中文名：孔雀草

别　　名：小万寿菊、红黄草、西番菊、藤菊

学　　名：*Tagetes patula* L.

分类地位：Asteraceae/菊科

原 产 地：原产于墨西哥。

国内分布：四川、贵州、云南、广西、北京。

★中文名：伞房匹菊

学　　名：*Tanacetum parthenifolium* Willd.

分类地位：Asteraceae/菊科

原 产 地：原产于亚洲西南部。

国内分布：江西、云南。

★中文名：药用蒲公英

别　　名：西洋蒲公英、洋蒲公英

学　　名：*Taraxacum officinale* F. H. Wigg.

分类地位：Asteraceae/菊科

原 产 地：原产于欧洲。

国内分布：重庆、甘肃、广东、广西、河北、黑龙江、河南、香港、湖北、江苏、江西、内蒙古、青海、陕西、上海、山西、四川、台湾、新疆、浙江。

中 文 名：红座蒲公英

学　　名：*Taraxacum rhodopodum* Dahlst. ex M. P. Christ. & Wiinst.

分类地位：Asteraceae/菊科

原 产 地：原产于欧洲。

国内分布：云南。

中 文 名：金毛菊

学　　名：*Thymophylla tenuiloba*（DC.）Small

分类地位：Asteraceae/菊科

原 产 地：原产于美国南部和墨西哥北部。

国内分布：台湾。

★中文名：肿柄菊

别　　名：假向日葵、树葵、王爷葵

学　　名：*Tithonia diversifolia*（Hemsl.）A. Gray

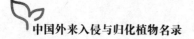

分类地位：Asteraceae/菊科

原 产 地：原产于墨西哥。

国内分布：福建、广东、广西、贵州、海南、香港、湖北、江苏、江西、青海、澳门、山西、台湾、云南、浙江。

中 文 名：圆叶肿柄菊

学　　名：*Tithonia rotundifolia*（Mill.）S. F. Blake

分类地位：Asteraceae/菊科

原 产 地：原产于美洲热带地区。

国内分布：福建、云南。

★中文名：霜毛婆罗门参

学　　名：*Tragopogon dubius* Scop.

分类地位：Asteraceae/菊科

原 产 地：原产于美洲热带地区。

国内分布：北京、云南、广东、香港、澳门、海南、福建、台湾、广西。

中 文 名：蒜叶婆罗门参

学　　名：*Tragopogon porrifolius* L.

分类地位：Asteraceae/菊科

原 产 地：原产于地中海地区。

国内分布：北京、广东、广西、贵州、陕西、四川、新疆、云南。

★中文名：羽芒菊

别　　名：长柄菊

学　　名：*Tridax procumbens* L.

分类地位：Asteraceae/菊科

原 产 地：原产于美洲热带地区。

国内分布：福建、广东、广西、贵州、海南、河北、香港、江苏、江西、澳门、四川、台湾、云南、浙江。

★中文名：光耀藤

学　　名：*Vernonia elliptica* DC.

分类地位：Asteraceae/菊科

原 产 地：原产于印度、缅甸和泰国。

国内分布：台湾、云南。

★中文名：北美苍耳

别　　名：平滑苍耳、蒙古苍耳

学　　名：*Xanthium chinense* Mill.

分类地位：Asteraceae/菊科

原 产 地：原产于北美洲的西印度群岛。

国内分布：北京、广西、贵州、海南、河北、黑龙江、河南、湖北、湖南、江苏、吉林、辽宁、内蒙古、陕西、山东、新疆、云南、浙江。

★中文名：意大利苍耳

别　　名：大苍耳、洋苍耳

学　　名：*Xanthium italicum* L.

分类地位：Asteraceae/菊科

原 产 地：原产于美洲和欧洲南部。

国内分布：安徽、北京、广东、广西、河北、黑龙江、辽宁、山东、新疆。

★中文名：刺苍耳

别　　名：洋苍耳

学　　名：*Xanthium spinosum* L.

分类地位：Asteraceae/菊科

原 产 地：原产于美洲。

国内分布：安徽、北京、广东、贵州、海南、河北、河南、湖南、吉林、辽宁、内蒙古、宁夏、新疆、云南。

中 文 名：百日菊

学　　名：*Zinnia elegans* Jacq.

分类地位：Asteraceae/菊科

原 产 地：原产于墨西哥。

国内分布：安徽、北京、重庆、福建、甘肃、广东、广西、贵州、海南、河北、黑龙江、河南、湖北、湖南、江苏、江西、辽宁、陕西、山东、上海、山西、四川、天津、新疆、西藏、云南、浙江。

★中文名：多花百日菊

别　　名：野百日菊、多花百日草

学　　名：*Zinnia peruviana*（L.）L.

分类地位：Asteraceae/菊科

原 产 地：原产于墨西哥。

国内分布：安徽、北京、甘肃、广东、广西、海南、河北、河南、湖北、湖南、江苏、吉林、陕西、山东、山西、四川、台湾、天津、云南、浙江。

Caprifoliaceae/忍冬科

中 文 名：禾穗新缬草

学　　名：*Valerianella locusta*（L.）Laterr.

分类地位：Caprifoliaceae/忍冬科

原 产 地：原产于欧洲、北非和西亚。

国内分布：江苏、上海。

Araliaceae/五加科

中 文 名：八角金盘

学　　名：*Fatsia japonica*（Thunb.）Decne. & Planch.

分类地位：Araliaceae/ 五加科

原　产　地：原产于日本。

国内分布：在花园或次生植被中广泛栽培或偶尔归化，分布于安徽、重庆、福建、贵州、湖北、江苏、江西、陕西、山东、上海、四川、浙江（舟山）、云南。

中　文　名：白头天胡荽

学　　　名：*Hydrocotyle leucocephala* Cham. & Schltdl.

分类地位：Araliaceae/ 五加科

原　产　地：原产于美洲热带地区。

国内分布：上海、台湾。

★中文名：南美天胡荽

别　　　名：欧洲天胡荽、香菇草、铜钱草、盾叶天胡荽

学　　　名：*Hydrocotyle verticillata* Thunb.

分类地位：Araliaceae/ 五加科

原　产　地：原产于北美洲的西印度群岛。

国内分布：安徽、福建、广东、湖南、江苏、江西、澳门、上海、台湾、浙江。

Apiaceae/ 伞形科

中　文　名：大阿米芹

学　　　名：*Ammi majus* L.

分类地位：Apiaceae/ 伞形科

原　产　地：原产于地中海地区。

国内分布：江苏、新疆。

中　文　名：刺毛峨参

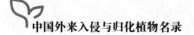

学　　　名：*Anthriscus caucalis* M. Bieb.

分类地位：Apiaceae/伞形科

原　产　地：原产于欧洲的部分地区。

国内分布：江苏。

中　文　名：毒参

学　　　名：*Conium maculatum* L.

分类地位：Apiaceae/伞形科

原　产　地：原产于欧洲北部、亚洲西部和非洲北部。

国内分布：江苏、新疆。

★中文名：细叶芹

别　　　名：茴香芹、细叶芹

学　　　名：*Cyclospermum leptophyllum*（Pers.）Sprague ex Britton & P. Wilson

分类地位：Apiaceae/伞形科

原　产　地：原产于南美洲。

国内分布：安徽、北京、重庆、福建、广东、广西、海南、河北、香港、湖北、湖南、江苏、江西、吉林、山东、上海、四川、台湾、西藏、云南、浙江。

★中文名：野胡萝卜

别　　　名：鹤虱草

学　　　名：*Daucus carota* L.

分类地位：Apiaceae/伞形科

原　产　地：原产于欧洲、亚洲西南部和非洲北部。

国内分布：安徽、北京、重庆、福建、甘肃、广东、广西、贵州、海南、河北、黑龙江、河南、香港、湖北、湖南、江苏、江西、吉林、辽宁、澳门、内蒙古、宁夏、青海、陕西、山东、上海、山西、四川、天津、新疆、西藏、云南、浙江。

★中文名：刺芹

别　　名：刺芫荽、假芫荽、节节花、野香草、假香荽、缅芫荽

学　　名：*Eryngium foetidum* L.

分类地位：Apiaceae/伞形科

原 产 地：原产于美洲热带和亚热带地区。

国内分布：重庆、甘肃、广东、广西、贵州、海南、香港、江西、辽宁、澳门、四川、台湾、云南、浙江。

中 文 名：扁叶刺芹

学　　名：*Eryngium planum* L.

分类地位：Apiaceae/伞形科

原 产 地：原产于中亚、西亚、欧洲。

国内分布：内蒙古、新疆。

中 文 名：丝裂芹

学　　名：*Ptilimnium costatum* Raf.

分类地位：Apiaceae/伞形科

原 产 地：原产于北美洲。

国内分布：江苏。

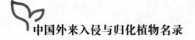
附录 I　中文名索引

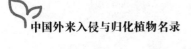

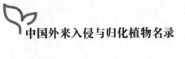

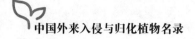

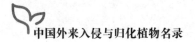
附录 II   学名索引

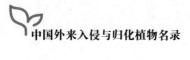

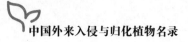

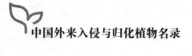

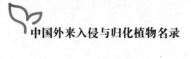

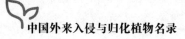